新工科建设之路·计算机类规划教材

C 语言程序设计
（第 2 版）

蒋晶　耿海　刘方　余永红　赵卫滨　编著

電子工業出版社
Publishing House of Electronics Industry
北京·BEIJING

内容简介

本书作为C语言程序设计的入门与应用教材，讲述了C语言程序设计的基本思想、方法和解决问题的技巧。在内容安排和章节组织上，尽可能将概念、知识点和例题相结合。本书注重基础、突出应用，更好地满足了高等学校应用型人才培养的需求。全书分9章，内容包括C语言概述，程序设计的基础知识，算法与程序设计基本结构，函数，编译预处理，数组，指针，结构体、共用体和枚举类型，文件。为方便教学，本书配有典型例题知识点的讲解视频、课后习题线上自测，读者只需扫描书中相应的二维码即可呈现。另外，本书还提供了电子课件，读者可登录华信教育资源网（www.hxedu.com.cn）免费下载使用。本书易教易学、注重能力培养，对初学者容易混淆的内容进行了重点提示和讲解。

本书可作为高等学校各专业“C语言程序设计”课程的教材，也可作为计算机爱好者的自学用书或各类工程技术人员的参考书。

图书在版编目（CIP）数据

C语言程序设计 / 蒋晶等编著. —2版. —北京：电子工业出版社，2021.2

ISBN 978-7-121-40660-7

Ⅰ. ①C… Ⅱ. ①蒋… Ⅲ. ①C语言－程序设计－高等学校－教材 Ⅳ. ①TP312.8

中国版本图书馆CIP数据核字（2021）第037738号

责任编辑：杜　军　　　　特约编辑：田学清
印　　刷：三河市华成印务有限公司
装　　订：三河市华成印务有限公司
出版发行：电子工业出版社
　　　　　北京市海淀区万寿路173信箱　　邮编：100036
开　　本：787×1092　1/16　印张：13　字数：316.4千字
版　　次：2017年6月第1版
　　　　　2021年2月第2版
印　　次：2024年8月第5次印刷
定　　价：39.00元

凡所购买电子工业出版社图书有缺损问题，请向购买书店调换。若书店售缺，请与本社发行部联系，联系及邮购电话：（010）88254888，88258888。

质量投诉请发邮件至zlts@phei.com.cn，盗版侵权举报请发邮件至dbqq@phei.com.cn。

本书咨询联系方式：（010）88254556，dujun@phei.com.cn。

前　言

随着计算机技术的不断发展，其适用的领域越来越广泛，内容也越来越丰富。对于从事与计算机技术教育相关的工作者来说，对其课程体系、教学内容、教学方法、教学手段都需要进行不断的深化改革，以做到与时俱进。在以解决实际问题为目标的工程应用教育中，更应紧密结合学生的培养目标，加强分析问题、解决问题及实际应用能力的培养。

C 语言是最实用、最流行的计算机高级程序设计语言之一。这种语言具有丰富的数据类型和运算功能，并带有庞大的函数库和类库。作为面向过程的程序设计语言，它具有很强的代表性，自诞生开始就得到了广泛的应用。

作为面向工程技术人员培养的教材，本书力求在内容编排和教学方法上有所创新和突破，让学生能够快速理解程序设计的基本概念、掌握高级程序设计语言的基础知识、树立程序设计的基本思想、培养程序设计的实际能力。

由于高级程序设计语言系统庞大，本书将教学过程分为三个阶段：第一阶段（第 1～2 章），学习 C 语言程序设计的基础知识；第二阶段（第 3～5 章），学习面向过程程序设计的方法、利用函数进行封装的过程及编译预处理的作用；第三阶段（第 6～9 章），学习数组、指针、结构体等数据类型，并了解 C 语言的文件处理系统。

本书结构清晰、知识完整，内容由浅入深、循序渐进。通过大量的例题与分析，不仅展示了知识点的应用，还包含在实际应用编程中的技巧。书中配有典型例题知识点的讲解视频，读者只需扫描二维码即可进行学习。另外，每章习题后均有本章知识点测验，读者可扫描二维码进行对应章节知识的学习检测。

本书源于高等学校应用型人才培养的教学改革与实践，凝聚了工作在教学一线任课教师的教学经验与研究成果。本书第 1 章及每章习题后的本章知识点测验由耿海编写，第 2～9 章及附录由蒋晶编写；书中视频由刘方录制完成；本书的资料整理及校对工作由余永红、赵卫滨负责。

由于编著者水平有限，书中疏漏之处在所难免，敬请广大读者提出宝贵意见，使之更加成熟。任何批评和建议请发邮件至 jiangjing@njupt.edu.cn。

编著者

2021 年 1 月

目 录

第1章　C语言概述

伴随着计算机的高速发展和普及，来自不同专业的各行各业的人们越来越感受到计算机给工作和生活带来的巨大影响。无生命的计算机是无法与人直接进行交流沟通的，人们只有通过编写程序来命令计算机执行程序，才能完成相应的任务。程序可以通过各种语言进行编写，最早出现的低级语言对计算机硬件过于依赖，且编写的程序在可读性和可移植性方面都比较差，为解决这一问题，人们创造了许多高级语言。在各种各样的高级语言中，C 语言以其强大的功能和优良的特点，成为国际上公认的、重要的少数几种通用程序设计语言之一。

本章简要介绍 C 语言的发展、特点及应用，并举例介绍了 C 语言编写的简单程序的格式及其运行环境和运行方法。

1.1　C 语言的发展、特点及应用

1.1.1　C 语言的发展

C 语言的出现比许多程序设计语言（如 BASIC、FORTRAN、Pascal、COBOL 等）都要晚，但相较而言却是最具生命力的。C 语言的原型是 Algol 60。1963 年，剑桥大学将其发展为 CPL（Combined Programming Language）。1967 年，剑桥大学的 Matin Richards 对 CPL 进行了简化，产生了 BCPL（Basic Combined Programming Language）。1970 年，美国贝尔实验室的 Ken Thompson 对 BCPL 进行了改进，并取名为 B 语言，意思是提取 CPL 的精华，并用 B 语言编写了第一个 UNIX 操作系统，但 B 语言过于简单、功能有限。1973 年，贝尔实验室的 Ritchie 在 BCPL 和 B 语言的基础上设计了一种新的语言，以 BCPL 中的第二个字母为名，这就是大名鼎鼎的 C 语言。随后不久，UNIX 操作系统的内核和应用程序全部用 C 语言改写。从此，C 语言成为 UNIX 环境下使用最广泛的主流编程语言，但主要应用在贝尔实验室内部。直到 1975 年，随着 UNIX 操作系统第 6 版的问世，C 语言的突出优点才引起人们的普遍关注。可以看出，起初 C 语言的发展和 UNIX 操作系统是密切相关的。1978 年之后，它已先后被移植到大型、中型、小型及微型机上，并独立于 UNIX 操作系统。Kernighan 和 Ritchie 合著了 *The C Programming Language* 一书，该书对 C 语言的语法进行了规范化的描述。1983 年，美国国家标准协会（ANSI）为 C 语言制定了一套

ANSI 标准，统一了 C 语言的各种版本。1987 年，ANSI 再次公布了新标准——87 ANSI C。1990 年，国际标准化组织（ISO）通过了 C 语言的国际标准，并将其称为标准 C。此后陆续出现的各种 C 语言版本都是与 ANSI C 兼容的版本，它们的语法和语句功能是一致的，差异表现在各自的标准函数库中收纳的函数种类、格式和功能方面，尤其是图形函数库的差异。

随着 C 语言的应用推广，它存在的一些缺陷和不足也显现了出来。例如，缺少支持代码重用的结构；随着软件工程规模的扩大，难以适应开发特大型程序等。

1.1.2 C 语言的特点

每种语言都有其特点，即都会有优点和缺点，其中某些优点和缺点必然是并存的，只是立足的观察点不同而已。

C 语言的优点如下。

（1）语言简洁，结构紧凑，使用方便、灵活。C 语言一共有 37 个关键字和 9 条控制语句，以易读、易写的小写字母为基础，源程序书写规整紧凑。

（2）数据类型丰富。C 语言除了标准数据类型（整型、实型和字符型），还有多种构造类型（数组、结构体和共同体等）和指针类型，有助于构造复杂的数据结构，从而提高程序的运行效率。

（3）运算符丰富。C 语言提供了 34 种标准的运算符，它们不仅具有优先级的概念，还具有结合性的概念。因此，灵活使用各种运算符和表达式不仅可以简化程序，还可以实现在其他语言中难以实现的运算。

（4）函数库功能齐全。C 语言标准函数库提供了功能极强的各类函数库，如高等数学运算、字符串处理、标准输入/输出等。只需调用库函数即可实现相应的功能，为编程者提供了方便，极大地减少了编程工作量。

（5）具有结构化的控制语句（如 if…else 语句、while 语句、do…while 语句、switch 语句、for 语句）。C 程序由具有独立功能的函数构成，以函数作为程序的模块单位，便于实现程序的模块化，其基本思想是将一个大的程序按功能分割成一些模块，使每个模块都成为功能单一、结构清晰、容易理解的函数。函数定义是平行且独立的，但函数调用有嵌套调用和递归调用，通过函数调用可以实现复杂的程序功能。另外，对于复杂的源程序文件，可以将其分割成多个较简单的源文件，并分别进行编译和调试，最后组装并链接得到可执行的程序文件。

（6）可移植性好。所谓可移植性，是指从一个系统环境中不加或稍加改动就可移植到另一个完全不同的系统环境中运行。C 语言编译程序的大部分代码都是公共的，基本上不进行任何修改就能运用于各种不同型号的计算机和操作系统环境中。

（7）语言生成的代码质量高。如果一个应用程序生成的目标代码（可执行程序）的质量低，则会使系统开销大、无实用性。C 语言生成目标代码的效率一般比汇编语言生成目标代码的效率低 10%～20%。C 语言也可以像汇编语言一样，对位、字节和地址，甚至硬件进行直接操作。换句话说，C 语言既具有汇编语言的强大功能，又具有较强的可读性，特别适合进行底层开发。

当然，C 语言也有缺点。例如，语法限制不太严谨；运算符的优先级和结合性比较复杂，不容易记忆；对数据类型缺乏一致性的检测；对数组的使用不进行越界检查，容易使数据出错；在程序设计方面，安全性和可靠性不足。

1.1.3　C 语言的应用

C 语言是目前应用非常广泛的高级语言，尤其在对操作系统及需要对硬件进行操作的场合，C 语言明显优于其他高级语言，许多大型应用软件都是用 C 语言编写的。此外，因为 C 语言既具有高级语言的特点，又具有汇编语言的特点，所以可以作为系统设计语言，编写系统应用程序；也可以作为应用程序设计语言，编写不依赖计算机硬件的应用程序。

C 语言的应用可分为上层开发和底层开发两大类。但 C 语言做上层应用程序开发和写界面是不太方便的。因此，它的主要用途还是进行底层开发。下面列举 C 语言的几个主要的应用领域（C 语言几乎可以应用到程序开发的各个领域）。

（1）应用软件。Linux 操作系统中的应用软件都是用 C 语言编写的，因此这样的应用软件安全性非常高。

（2）对性能要求严格的领域。一般对性能有严格要求的地方都是用 C 语言编写的，如网络程序的底层和网络服务端底层、地图查询等。

（3）系统软件和图形处理。C 语言具有很强的绘图能力和可移植性，并且具备很强的数据处理能力，可以用来编写系统软件、制作动画、绘制二维图形和三维图形等。

（4）数字计算。相对于其他编程语言，C 语言是数字计算能力超强的高级语言。

（5）嵌入式设备开发。手机、PDA 等时尚消费类电子产品的内部的应用软件很多都是采用 C 语言进行嵌入式开发的。

（6）游戏软件开发。利用 C 语言可以开发很多游戏，如推箱子、贪吃蛇等。

因此，C 语言发展至今，在众多高级语言的竞争下，依然保持着极高的市场占有率，也就不难理解了，毕竟连操作系统都是由 C 语言编写的。

1.2　简单的 C 语言程序介绍

下面通过两个最基本的 C 程序来说明 C 程序的基本结构特性。

【例 1.1】在显示屏上显示“How are you ?”。

```
/*  第一个 C 程序
在显示屏上显示 How are you? */
#include <stdio.h>                         //头文件
void main()                                //主函数
{
   printf("How are you? \n");              //调用库函数 printf()显示字符串
}
```

显示屏显示运行结果：

```
How are you?
```

程序说明：

（1）程序中出现的“/*……*/”和以“//”开头的文字说明为注释，用于解释程序，并不是程序的组成部分，不参加程序的执行。当程序员编写程序时，在程序中添加必要的注释有助于增加程序的可读性。“/*……*/”和“//”在使用上有所区别，“/*……*/”可以包含多行文字，常用于说明一个程序或一个函数的整体功能作用等；“//”只能包含一行文字，常用于说明局部语句的作用。

（2）#include 为编译预处理命令。若使用系统库函数，如本例中使用的 printf() 标准输出函数，则需要在程序的开头包含相应的系统头文件，如本例中的 stdio.h。本书第 5 章会详细介绍编译预处理命令。

（3）main 是函数名，表示主函数。C 语言编写的程序是由函数构成的，一个程序可以包含多个函数，但有且只有一个主函数。换言之，一个 C 语言程序由一个主函数（main 函数）和若干其他函数组成。并且程序是从主函数开始执行的，其他函数可以通过函数调用来执行，本书会在第 4 章详细介绍函数。

（4）在花括号“{ }”中编写用于实现功能的语句，如本例中的 printf 语句，实现将字符串“How are you？”输出到标准输出设备(通常为显示屏)上。“\n”是转义字符，表示输出结束后光标转到下一行的行首。C 语言规定以“;”作为语句的结束标志。

【例 1.2】通过键盘输入两个整数，并在显示屏上输出这两个整数的和。

```
#include <stdio.h>
/*函数名为 add；函数有返回值，为整型（int）；函数有两个整型形参 x 和 y */
int add(int x,int y)
{
    int z;          //定义一个整型变量 z
    z=x+y;          //将 x 和 y 的和赋值给变量 z
    return(z);      //将 z 的值返回将要调用 add 函数的主调函数
}

/*主函数*/
void main()
{
    int x,y,z;                          //定义变量
    scanf("%d,%d",&x,&y);               //标准输入函数，属于系统库函数
    z=add(x,y);                         //调用 add 函数
    printf("The result is %d",z);       //输出结果
}
```

执行程序后，输入：

```
1, 5↙
```

运行结果：

```
The result is 6
```

程序说明：

（1）程序中包含了一个主函数（main 函数）和一个普通函数（add 函数），程序从主函数开始执行，当出现函数调用时就转去执行被调函数，执行完被调函数后再转回调用点继续执行主调函数。在本例中，main 函数为主调函数，add 函数为被调函数，调用语句为“z=add(x,y);”。

（2）scanf 为系统提供的标准输入函数，与 printf 一样，只要包含了相应的头文件 stdio.h，就可以直接使用。通过执行该语句，允许程序的使用者按格式要求从标准输入设备(通常为键盘)输入值。例如，此程序执行后，在输入两个整数时，需要用逗号分开。关于标准化的输入/输出语句会在第 2 章进行详细介绍。

1.3　程序上机环境、步骤方法简介

用来编译 C 语言的编译器有很多，其中 Visual Studio 是微软公司推出的开发环境，它是目前较为流行的 Windows 平台应用程序开发环境。Visual Studio 可以用来创建 Windows 平台下的 Windows 应用程序和网络应用程序，也可以用来创建网络服务、智能设备应用程序和 Office 插件。随着近些年计算机等级考试的不断普及，作为 Visual Studio 精简版的 Visual C++ 2010 也得到了较大范围的应用，其界面操作与 Visual Studio 的界面操作基本类似，但 Visual C++ 2010 更为轻量。本书采用 Visual C++ 2010 学习版作为编译软件。

1. 运行项目步骤

在 Visual C++ 2010 学习版中开发程序，首先要创建项目，不同类型的程序对应不同类型的项目，创建项目的操作步骤如下。

（1）打开 Visual C++ 2010 学习版，起始页界面如图 1-1 所示。

图 1-1　Visual C++ 2010 学习版起始页界面

（2）首次使用需要添加一个按钮，便于运行程序，在上方标准工具栏中选择最右边的下拉按钮，然后在“添加或移除按钮”下拉菜单中选择“自定义”选项，如图 1-2 所示。

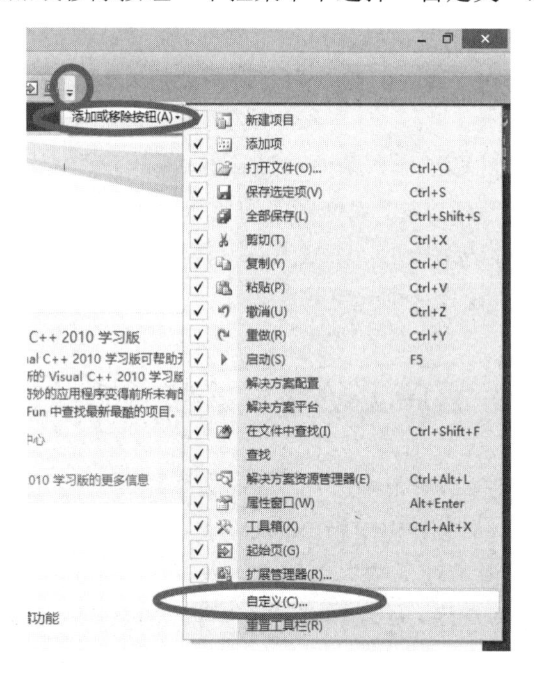

图 1-2　选择“自定义”选项

（3）在“自定义”对话框中选择“命令”选项卡，然后单击“添加命令”按钮，如图 1-3 所示。

图 1-3　单击“添加命令”

（4）在“添加命令”对话框中的“类别”选区中选择“调试”选项，然后在“命令”选区中选择“开始执行(不调试)”选项，如图 1-4 所示。

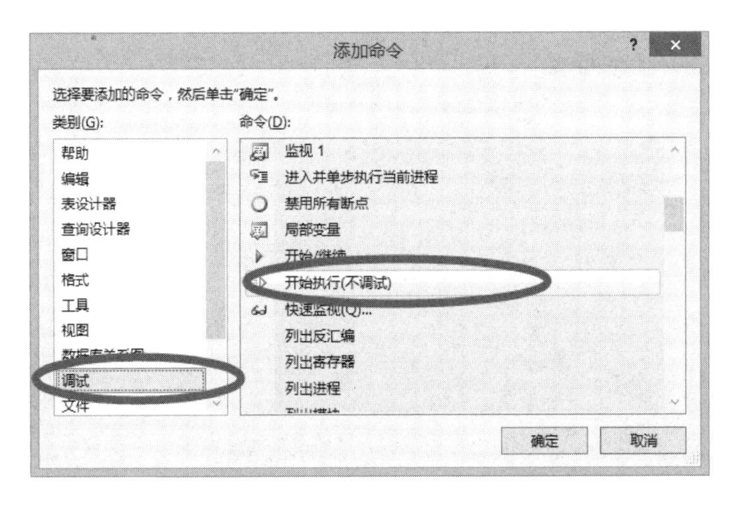

图 1-4　选择“调试”和“开始执行(不调试)”选项

（5）这时在主窗口的工具栏的最左边就出现了“开始执行(不调试)”按钮，如图 1-5 所示。

图 1-5　成功添加按钮

（6）在菜单栏中选择“文件→新建→项目”选项，如图 1-6 所示。

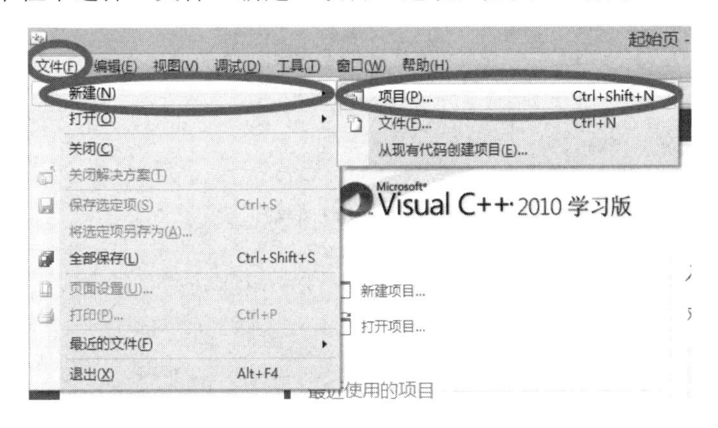

图 1-6　新建项目操作

（7）在弹出的“新建项目”对话框中选择“Win32 控制台应用程序”选项，并填写相关信息，然后单击“确定”按钮，如图 1-7 所示。需要注意的是，名称和位置都不要使用中文。例如，在新建项目时，将项目名称取名为 Test，位置选择保存在 E 盘根目录下。程序员可以根据实际情况给项目命名并选择相应的保存路径。

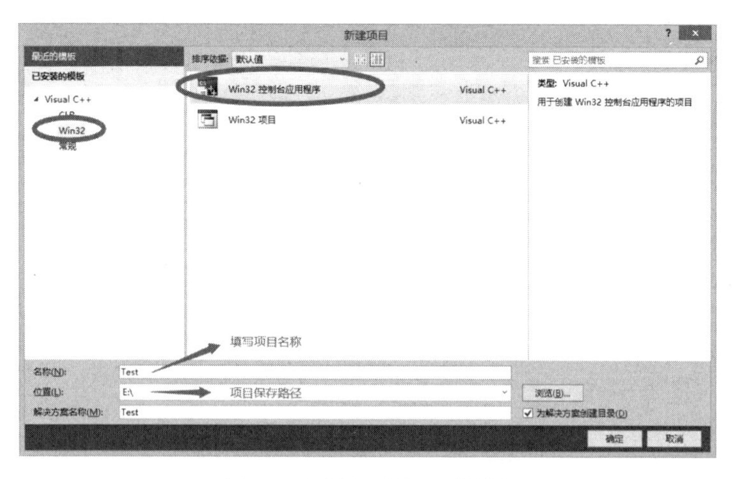

图 1-7　“新建项目”对话框

（8）单击“新建项目”对话框中的“确定”按钮，将弹出“Win32 应用程序向导-Test”对话框，如图 1-8 所示，然后单击“下一步”按钮。

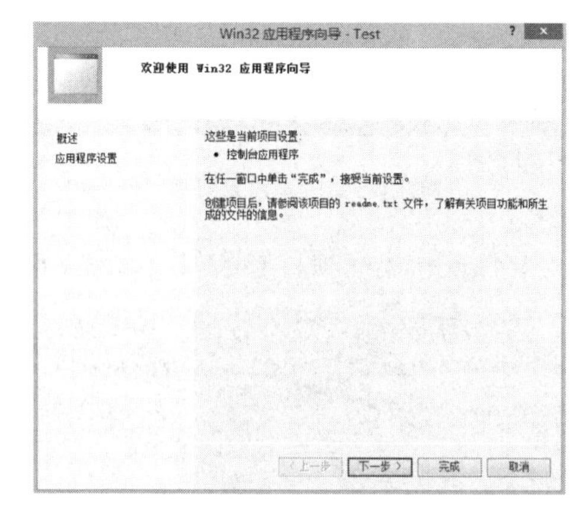

图 1-8　“Win32 应用程序向导-Test”对话框

（9）单击“下一步”按钮后会出现如图 1-9 所示的对话框，先取消“预编译头”复选框，再勾选“空项目”复选框，然后单击“完成”按钮，就创建了一个新的项目。

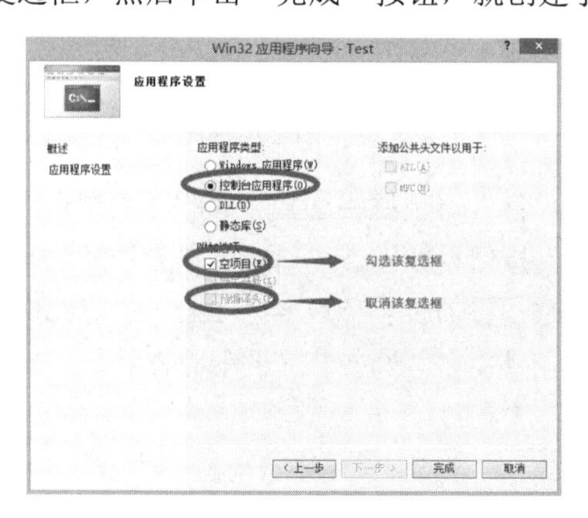

图 1-9　新的向导对话框操作

（10）完成后，在“解决方案资源管理器”窗格中就会出现相关文件，如图 1-10 所示。

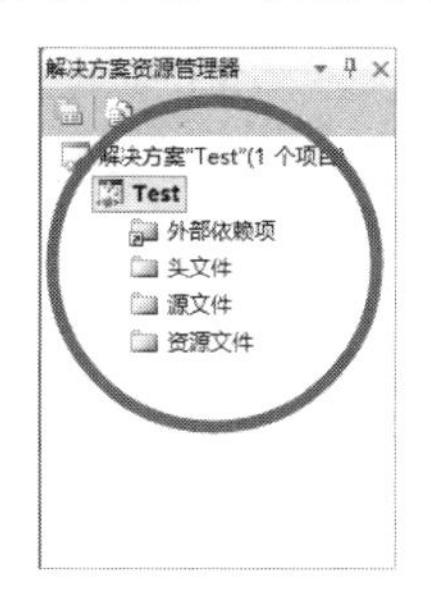

图 1-10　项目相关文件

（11）在“源文件”处单击鼠标右键，然后在弹出的快捷菜单中选择“添加→新建项”选项，如图 1-11 所示。

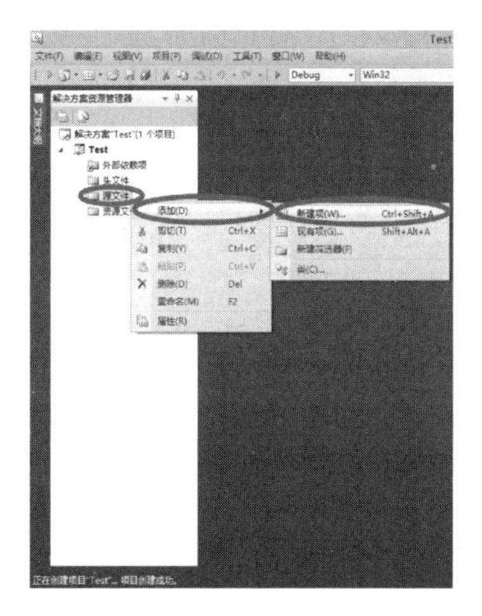

图 1-11　新建项

（12）在弹出的“添加新项-Test”对话框的相应位置进行相关的操作，然后填写文件的名称并选择保存位置（注意后缀名是.c），如图 1-12 所示。

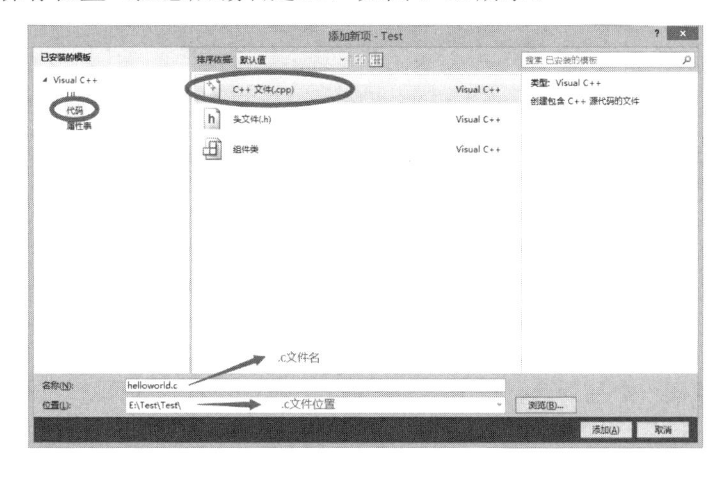

图 1-12　“添加新项-Test”对话框

（13）单击图 1-12 中的“添加”按钮，就成功添加了一个新的源文件，如图 1-13 所示。

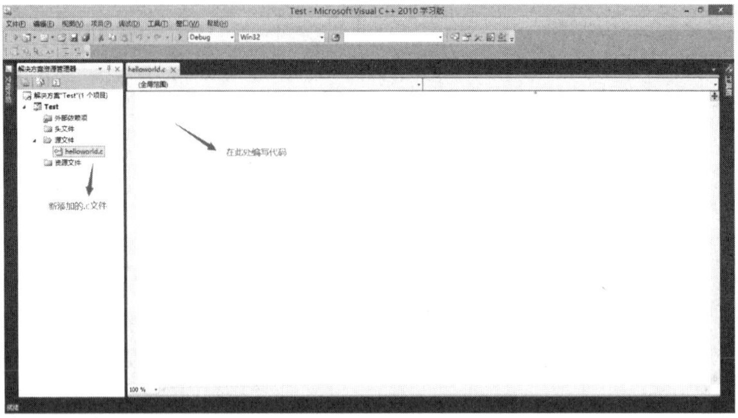

图 1-13　新的源文件建立完成

（14）编写第一个程序——helloworld，如图 1-14 所示。

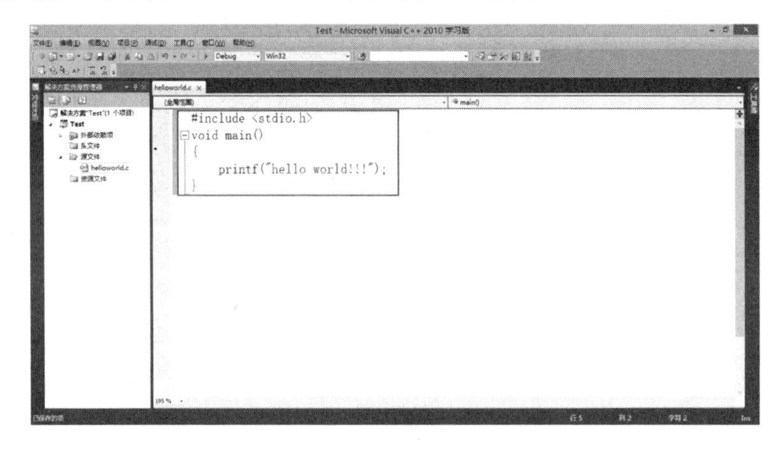

图 1-14　编写代码

（15）代码编写完成后，在菜单栏中单击“调试”按钮，会弹出一个子菜单，选择“生成解决方案”选项就可以完成 helloworld.c 源文件的编译工作，如图 1-15 所示。

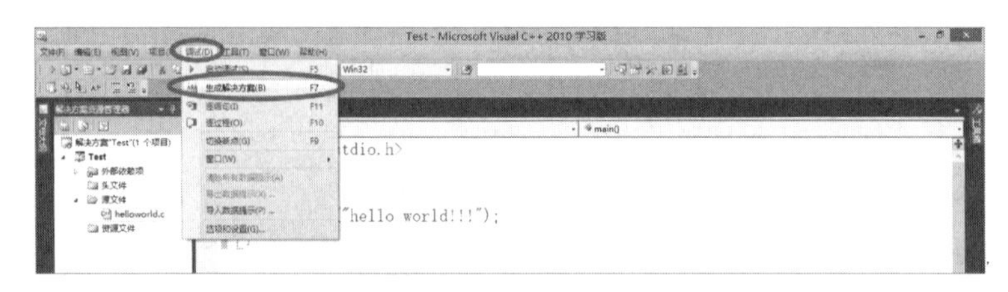

图 1-15　编译

（16）如果代码没有错误，会在下方的“输出”窗口中看到编译成功的提示，如图 1-16 所示。

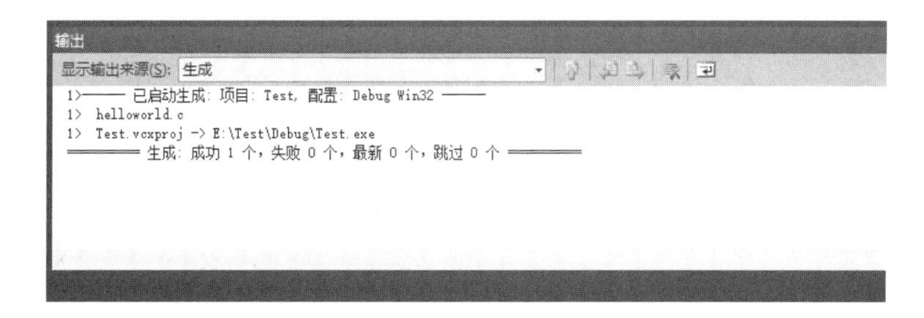

图 1-16 编译成功

（17）在工具栏中单击前面添加的“开始执行(不调试)”按钮，如图 1-17 所示。

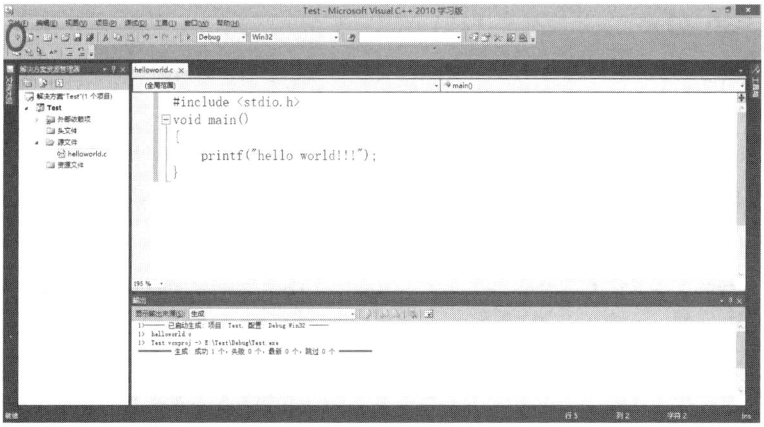

图 1-17 单击“开始执行(不调试)”按钮

（18）成功运行后，结果将显示在显示屏上，如图 1-18 所示。

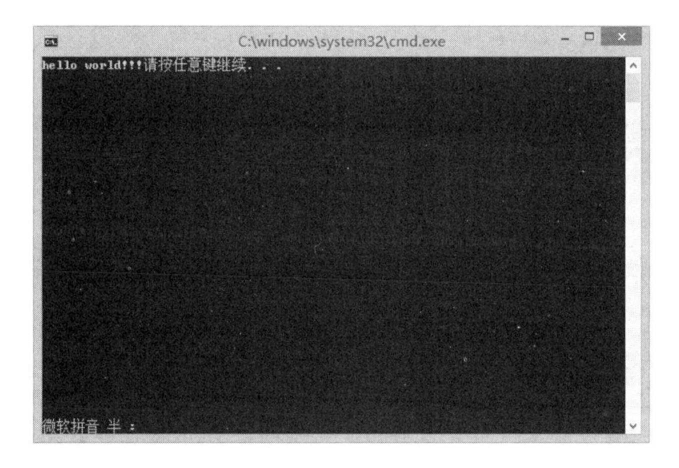

图 1-18 运行成功

至此，完整的程序执行过程执行完毕。

2．调试

开发平台在编译时只能找出程序在语法上的错误，因此编译通过并不意味着程序最终的运行结果一定是正确的，程序中可能存在语句逻辑上的错误，如果运行结果不正确，则可以利用调试功能帮助查找错误。下面先来认识如何设置断点和分步执行。

1）调试菜单

在设置断点前，先来具体说明一下主要调试命令的快捷键及其功能。

- F5：启动调试。
- Shift+F5：停止调试。
- F10：逐过程，单步执行，不跟踪进入调用函数内部。
- F11：逐语句，单步执行，跟踪进入调用函数内部。
- Shift+F11：从调用函数内部跳出。

2）设置断点

通过设置断点，可以让程序在需要的地方停止运行。设置断点的方法比较多，最简单的操作就是找到一个想要停留的位置并右击，然后在快捷菜单中选择“断点”→“插入断点”选项，如图 1-19 所示。

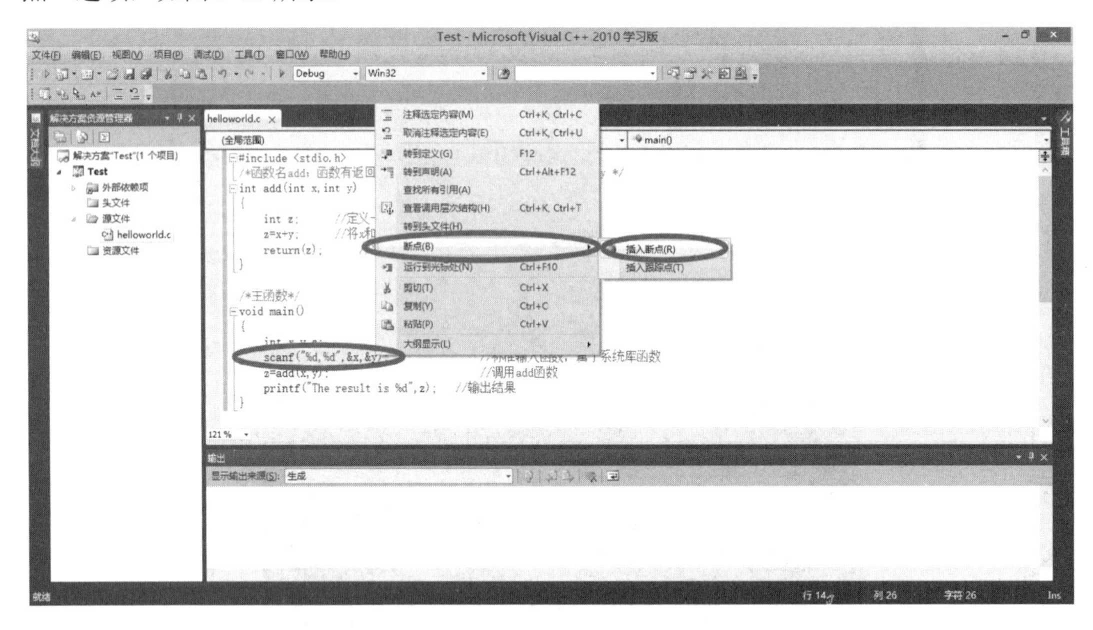

图 1-19　在某个被调试的程序中设置断点

在菜单栏中选择“调试”→“启动调试”选项或按 F5 键启动调试，如图 1-20 所示。这时程序会在断点处停下来，如图 1-21 所示，在下面的界面区域中会出现变量的名称和值。通过这个区域的内容可以看到每步中变量的值，以此来判断程序的运行状况。

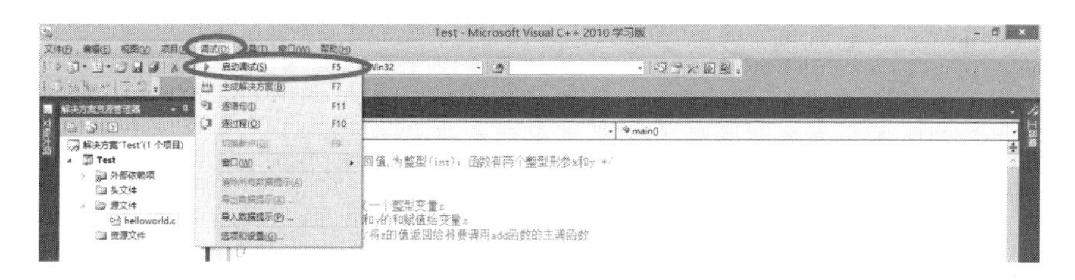

图 1-20　启动调试

图 1-21　断点停留处

3）分步执行

在菜单栏中选择“调试”→“逐过程”选项，或者按 F10 键跳到下一步，如图 1-22 所示。这时指示箭头会向下移一行，代表程序运行了一步，如果这时变量的值有变化，就可以从名称栏和值栏中反映出来。如果程序中调用了函数，此时我们想要看到所调用函数的运行情况，就需要按 F11 键。

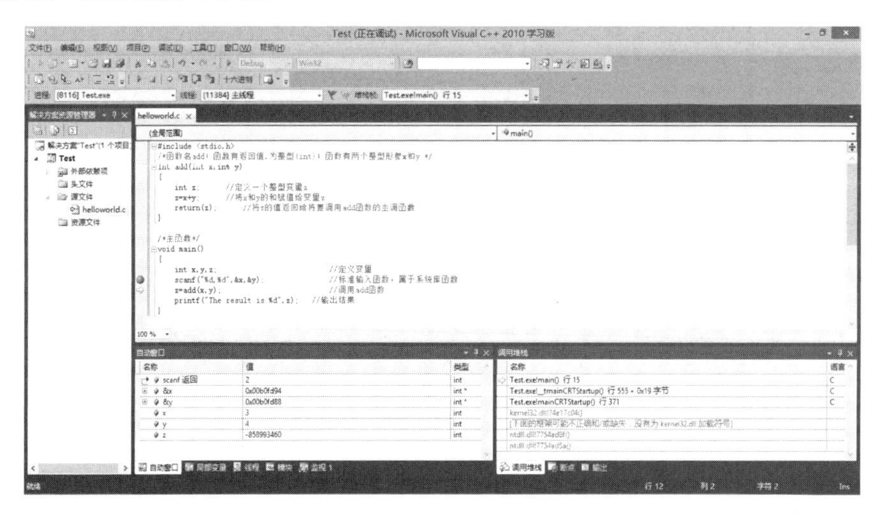

图 1-22　分步执行

4）结束调试

在菜单栏中选择“调试”→“停止调试”命令，可以结束调试。程序修改结束后，需要在运行前取消断点。取消断点的方法：在断点处右击，然后在弹出的快捷菜单中选择“断点”→“删除断点”选项。

3．查看源文件

当需要查看文件处于什么位置时，需要根据刚才新建各类文件的目录进行查找。例如，本例在 E 盘中新建的项目如图 1-23 所示。E 盘下面有个 Test 项目，项目中包含了相关的文件，里面还有个 Test 文件夹，这个文件夹就是在创建新的源文件时创建的，打开它便可以找到本例创建的 helloworld.c 文件了，如图 1-24 所示。

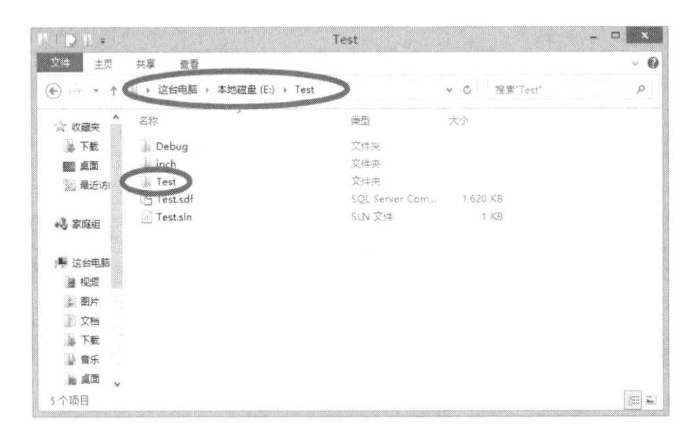

图 1-23 项目所在位置

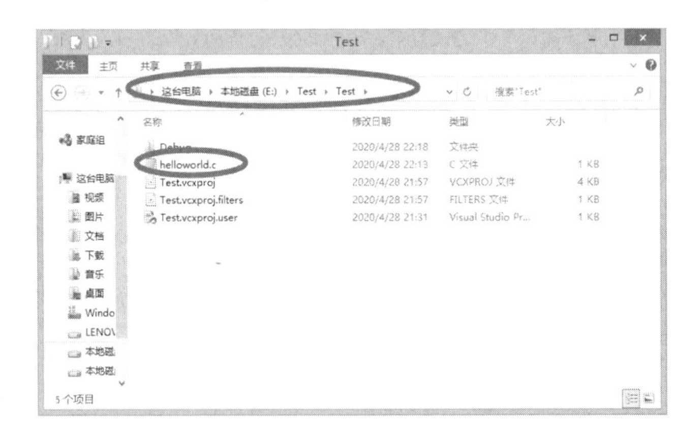

图 1-24 源文件所在位置

视频讲解（扫一扫）：VC++ 2010 学习版的使用

习　　题

1-1　模仿书中的例子，利用 C 语言编写程序，用于显示下面的信息：

Welcome to programming world!

1-2　编写程序，通过键盘输入两个数，并将这两个数的积显示出来。

1-3　对例 1.2 中的程序进行单步运行调试。

本章知识点测验（扫一扫）

第 2 章　程序设计基础知识

第 1 章中提到，程序是由一个主函数和若干普通函数构成的，每个函数的定义中都包含了若干条语句，每条语句的结束标志都是分号。那么语句又是由什么组成的呢？本章介绍 C 语言的基本字符和基本词汇、数据类型、运算符与表达式，掌握这些基础知识是编写语句的基础。另外，还介绍了 C 语言的基本输入和输出语句。

2.1　基本字符和基本词汇

在学习英语这门语言时，我们都知道单词是由 26 个基本字母组成的。C 语言也有基本的词汇，这些词汇是由一些基本的字符构成的。

2.1.1　基本字符

1. 字母

C 语言中的字母是指英文字母，区分大小写，共 52 个。

2. 数字

C 语言中的数字是指阿拉伯数字 0～9，共 10 个。

3. 空白符

在 C 语言中，空格、制表符（键盘上的 Tab 键）、换行符（键盘上的 Enter 键）统称为空白符。在程序中适当使用空白符，可以增加程序的清晰性。但当空白符作为一个字符常量或出现在字符串当中时，就不是仅起间隔的作用了，这在后面会学习到。

4. 标点和特殊字符

在 C 语言中，语句的结束标志“;”、逗号表达式中的“,”及下画线“_”等都属于标点和特殊字符。

2.1.2　基本词汇

C 语言的基本词汇包括标识符、关键字、分隔符、注释符、常量和运算符。常量和运算符在后面进行讲述，以下先介绍前 4 类。

1．标识符

标识符是指由程序员按照命名规则，自己定义的在程序中可能会用到的宏名、变量名、函数名等。需要注意的是，系统库函数的函数名由系统定义。C 语言的标识符命名规则如下。

- 标识符只能由字母、数字和下画线 3 种字符组成，且不能以数字开头。
- 标识符中大写和小写字母被认为是不同的字符。例如，name 和 Name 是两个不同的标识符。
- 标识符不能与任何关键字相同。

以下列举了几个非法的标识符：7num（不能以数字开头）、Stu!（标识符的构成要素不包括“!”）、break（break 属于关键字）。

2．关键字

关键字是系统使用的具有特定含义的标识符，不能作为用户自定义标识符使用。C 语言定义了 37 个关键字，如表 2-1 所示，包含由 ANSI 定义的前 32 个，以及由 C99 新增的后 5 个。

表 2-1　C 语言中的关键字

auto	break	case	char	const
continue	default	do	double	else
enum	extern	float	for	goto
if	int	long	register	return
short	signed	sizeof	static	struct
switch	typedef	unsigned	union	void
volatile	while	inline	restrict	_Bool
_Complex	_Imaginary	—	—	—

3．分隔符

分隔符主要起分隔作用。常用的分隔符有逗号和空格。

例如，定义一个整型变量 a 的语句为“int a;”。

分析：关键字 int 和标识符 a 之间有一个空格，若没有空格则为 inta，系统会把它当成一个标识符，此时将无法实现定义变量的工作。因此空格在有些情况下是十分必要的。

再如，定义 3 个整型变量 a、b 和 c，语句为“int a,b,c;”。

分析：标识符 a 和 b、b 和 c 之间都有一个逗号，它们同属于一种数据类型，因此可以公用一个关键字进行定义，只需用逗号分隔开即可。

4．注释符

在第 1 章的例题中提到过注释符，即以“/*”开头并以“*/”结尾的一串描述，或以“//”开头的一行描述。注释的目的主要是解释程序，以增加程序的可读性。

2.1.3 常量和变量

1. 常量

常量是指在程序运行过程中其值不能被改变的量。常量可细分为各种数据类型，计算机是根据常量的书写形式识别其数据类型的。常量通常有以下5种类型。

（1）整型常量，如123、0、−2等。

（2）实型常量，如1.2、4.56、−2.等。可见“.”是实型常量的标志。例如，“−2”是整型常量，而“−2.”则是实型常量。

（3）字符型常量，如'A'、'a'、'c'等。可见一对单引号是字符型常量的标志。

（4）字符串常量，如"Who are you?"、"English"等。可见一对双引号是字符串常量的标志。

（5）符号常量，是指程序员通过编译预处理命令中的宏定义命令定义的标识符，代表一个常量。关于编译预处理命令会在第5章进行详细介绍。符号常量在某些场合下使用会方便程序的修改，下面举例说明。

【例2.1】计算圆的面积和周长。

```
#define PI 3.14                        //PI为符号常量
#include <stdio.h>
void main()
{
    float s,d,r;                       //float定义实型数据
    r=5.0;                             //设定半径为5.0
    s=PI*r*r;                          //计算面积
    printf("面积：%f\n",s);            //输出面积，%f表示输出实型数据的控制格式
    d=2*PI*r;                          //计算周长
    printf("周长：%f\n",d);            //输出周长
}
```

分析：程序中用“#define PI 3.14”命令行定义PI代表常量3.14，表示此后凡在此程序中出现的PI都代表3.14，可以和常量一样进行运算。如果计算的精度要求有所提高，如PI需要为3.1415，那么只需修改上述命令行为“#define PI 3.1415”即可，即程序中所有出现的PI的值都会自动修改为3.1415。如果不使用符号常量，就要一个个地将3.14修改为3.1415。通过这个例子可以发现，在编写程序的过程中，对于一些可能会随应用场合的不同需要调整取值且频繁被使用的常量，可以选择定义符号常量的方法，以便修改。需要注意的是，符号常量是通过宏定义命令来定义的常量，在程序的运行过程中，其值不会发生变化，与下面讲述的变量要加以区分。

视频讲解（扫一扫）：例2.1

2. 变量

与常量不同，变量在程序运行过程中，其值是可以改变的。在程序中，变量必须先定义后使用。通过定义，首先确定变量的数据类型，计算机会为该变量分配相应数据类型的存储空间，这个空间就是变量的地址；其次确定变量叫什么名字，即变量名，程序员在设定变量名时要遵循标识符的命名规则；最后系统会赋予这个变量一个不确定的随机值作为当前的变量值，变量值可以通过赋值运算进行修改。程序通过变量名引用变量值。

2.2 数据类型

前面提到，不同的数据类型决定了数据的存储空间，即决定了数据的表示范围。C/C++语言具有丰富的数据类型，C 语言的数据类型分为基本类型、构造类型、指针类型和空类型，如图 2-1 所示。C++语言的数据类型分为基本类型、类类型和派生类型。两种语言都包含基本类型，它是系统预先定义的，可直接使用。本章主要介绍基本类型中的整型、字符型和实型。

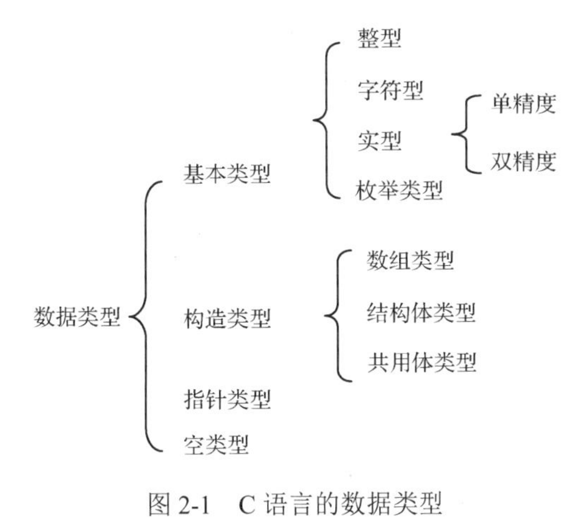

图 2-1　C 语言的数据类型

2.2.1 整型

1. 整型常量

整型常量有 3 种形式，分别为十进制整型常量、八进制整型常量和十六进制整型常量。

（1）十进制整型常量：基本数字为 0～9，如 54、–12、568 等。

（2）八进制整型常量：基本数字为 0～7，并且以数字 0 开头，如 061、011、–026、0773 等。

（3）十六进制整型常量：基本数字为 0～9，10～15 写为 A～F 或 a～f ，并且以数字 0 加上字母 x 开头，如 0x12、–0xff 等。

说明：十进制数是生活中最常用的，也是大家最熟悉的。

八进制数和十六进制数如何转换成十进制数呢？以下举例说明。

将0123（八进制数）转换成十进制数：$3\times8^0+2\times8^1+1\times8^2=83$（十进制数）。

将0xaf（十六进制数）转换成十进制数：$15\times16^0+10\times16^1=175$（十进制数）。

十进制数如何转换成八进制数和十六进制数呢？以下举例说明。

将十进制数83转换成八进制数，如图2-2（a）所示，用83除以8，得到商为10，余数为3；再用商（10）除以8，又得到商为1，余数为2；如果新得到的商小于8，则停止。按照图2-2（a）中箭头所示的方向依次从高位到低位，得到83对应的八进制数是0123。同理，要将十进制数转换成十六进制数，就要把除数换成16，不断相除，直到商小于16，如图2-2（b）所示，十进制数175转换成十六进制数是0xaf。

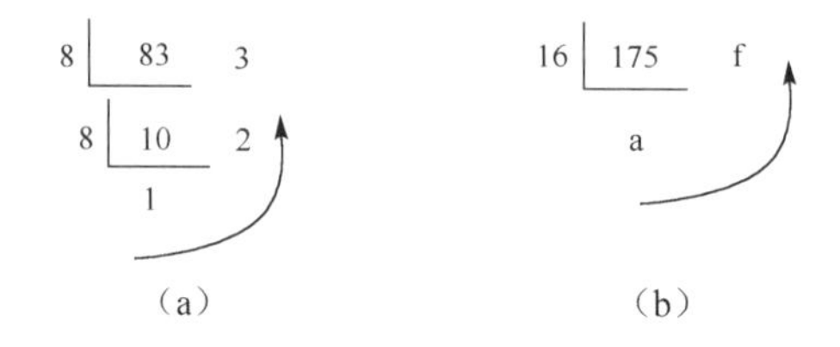

图2-2　十进制数转换成八进制数和十六进制数

2. 整型变量

（1）基本整型：类型说明符为int，对于16位的开发平台，其取值为-32768～32767，在内存中占2字节（16位）。但对于32位的开发平台，其取值为-2147483648～2147483647，在内存中占4字节（32位）。

（2）短整型：类型说明符为short int或short，取值为-32768～32767，在内存中占2字节（16位）。

（3）长整型：类型说明符为long int或long，在内存中占4字节。

（4）无符号型：类型说明符为unsigned。其中，无符号型又可与上述3种类型匹配构成无符号基本整型（unsigned int或unsigned）、无符号短整型（unsigned short）和无符号长整型（unsigned long）。各种无符号类型所占的内存空间字节数与相应的有符号变量相同，但由于省去了符号位，所以不能表示负数。

整型数据分类表如表2-2所示。

表2-2　整型数据分类表

数据类型	别　称	解　释	内存中所占位数	表示数值的范围
int	无	基本整型	16/32	-32768～32767 / -2147483648～2147483647
short int	short	短整型	16	-32768～32767
long int	long	长整型	32	-2147483648～2147483647
unsigned int	unsigned	无符号基本整型	16/32	0～65535 / 0～4294967295
unsigned short	无	无符号短整型	16	0～65535
unsigned long	无	无符号长整型	32	0～4294967295

变量必须先定义后使用。

【例 2.2】 整型变量的应用。

```
#include <stdio.h>
void main()
{    int a,b,c;           //定义 3 个整型变量 a、b、c，此时这 3 个变量的值是随机数
     a=12;
     b=34;                //给变量 a 和 b 赋值，变量的值不再是随机数，而是确切的值
     c=a+b;               //此时的变量名 a 和 b 分别表示 12 和 34，通过变量名引用变量值
     printf("c=%d\n",c); //输出运算结果
}
```

运行结果：

```
c=46
```

视频讲解（扫一扫）：例 2.2

数分正数和负数，那么它们在计算机内存中是如何存放的呢？下面以整型数据为例，介绍整型数据在内存中的存放形式。前面提到，基本整型 int 在 16 位的开发平台中占 2 字节的内存。内存中 1 字节相当于 8 位，每位的值是 0 或 1，即所谓的二进制数，整型数据在内存中是以二进制数形式存储的。整型可分为有符号整型和无符号整型，有符号整型数在内存中以补码的形式存储，其最高位（最左边一位）不仅代表数值位，还表示数的正负，1 表示负数，0 表示正数，如图 2-3（a）所示；无符号整型数为非负数，无须符号位，因此，最高位只代表数值位，如图 2-3（b）所示。从图 2-3 中可以看出，对于内存中同样的二进制数 1111111111111111，如果把它看作无符号整型数，则值为 65535（十进制数）；如果将其理解成有符号整型数，则最高位为符号位，值为-1（十进制数）。

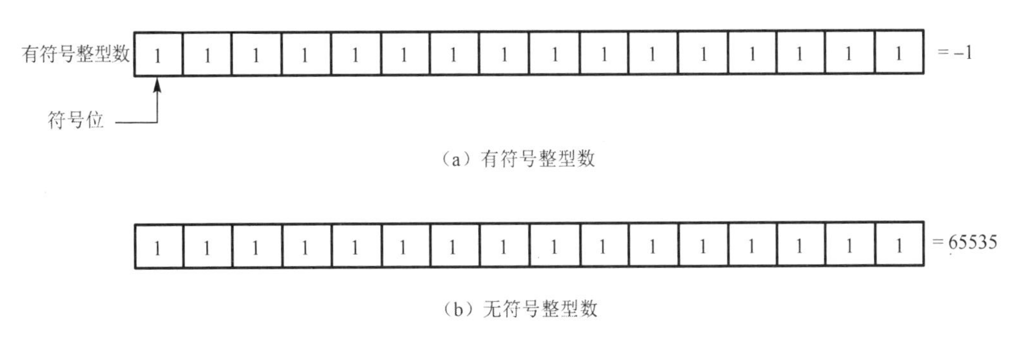

图 2-3　16 位整型数存储

每个整数都有对应的原码、反码和补码。对于正数，原码和补码相同，都是数字本身；反码是对原码的每一位进行按位取反，即 0 变 1、1 变 0；在内存中按原码（或补码）存放。

对于负数，在内存中按补码存放，系统会转换得出其补码，转换方法如下（以十进制数–1为例）。

第 1 步：取得绝对值。例如，–1 的绝对值为 1，在内存中的存储形式如图 2-4（a）所示。

第 2 步：按位取反。在内存中的存储形式如图 2-4（b）所示。

第 3 步：末位加 1。注意进位变化，二进制数是逢 2 进位，超出最高位的部分舍弃，只保留 16 位，在内存中的存储形式如图 2-4（c）所示，与图 2-3（a）的存储形式是一致的。

负数在内存中是以补码形式存在的，但输出在显示屏上时则是它的本来面貌，即带有负号（–）。在输出负数时，机器会将补码转换为原码，这一转换过程就是图 2-4 所示的逆过程，只需在最后加上负号（–）即可。

由于计算机的存储单元大小是有限的，因此对于一个数据，计算机总是分配有限的位来存储它。在图 2-3 中，使用 16 位来存储一个整型数，能够放到该存储单元中的数据按二进制形式可以表示为 0000000000000000～1111111111111111。按照有符号数据来理解，该范围为–32768～32767；按无符号数据来理解，该范围为 0～65535。不管按照哪种方式理解，能够存放到 16 位存储单元中的整型数的大小都是有限制的。若将 16 位中存储的数据看作无符号整型数，则超出 0～65535 的数，如–1、65536 等就不能在这 16 位的空间中存储了，否则会发生数据溢出的情况。因为–1 是负数，无符号数不能表示负数；65536 的二进制数形式为 10000000000000000，最少需要 17 位。若要表示更大范围的数，可以分配更多的位来存储它，如分配 32 位的存储空间，就可以存储 65536 了。因此，在进行程序设计时，要考虑数据实际应用时的取值范围，选择适当的数据类型，但并不是范围越大越好，以免造成内存空间的浪费。

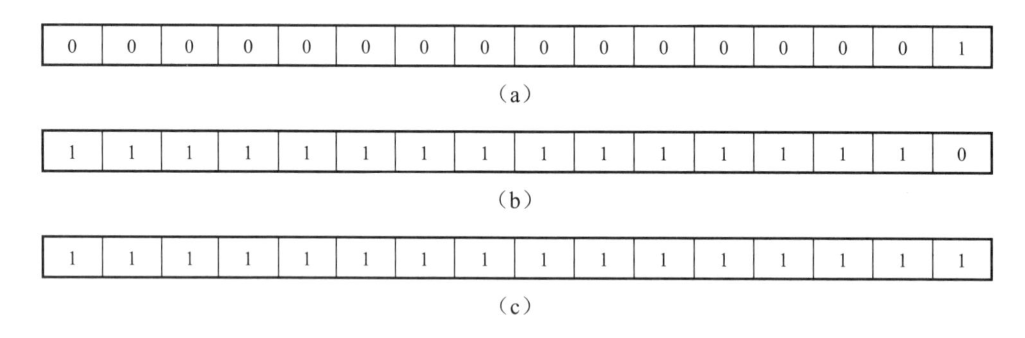

图 2-4　十进制数–1 补码的转换过程

【例 2.3】 整型数据的溢出。

```
#include <stdio.h>
void main()
{
    short int a=32768;
    printf("a=%d\n",a);
}
```

运行结果：

```
    a=-32768
```

大家可以分析一下为什么结果是-32768。

视频讲解（扫一扫）：例 2.3

2.2.2　字符型

1．字符常量

字符常量是用单引号引起来的单个可视字符或转义字符，在内存中占 1 字节的存储空间，以存放其 ASCII 码值，如'a'、'A'、's'等。注意：'a'和'A'是两个不同的字符常量，'a'的 ASCII 码值为 97，'A'的 ASCII 码值为 65。常用字符的 ASCII 码值参见附录 A。

除了上述的字符常量，还有特殊的字符常量，即控制字符常量，如转义字符“\n”，其中“\”是转义的意思。表 2-3 列出了常用的控制字符及其含义。

表 2-3　常用的控制字符及其含义

控制字符	含　义	控制字符	含　义
\n	换行	\t	水平制表
\v	垂直制表	\b	退格
\r	回车	\f	换页
\a	响铃	\\	反斜杠
\'	单引号	\"	双引号
\ddd	3 位八进制数代表的字符	\xhh	2 位十六进制数代表的字符

2．字符串常量

字符串常量是用一对双引号引起来的若干字符序列，如"a"、"How do you do!"、"456"、"\"Hello\""等。

1）字符串常量的长度

字符串中字符的个数称为字符串长度。例如，"a"的长度为 1，"How do you do!"的长度为 14（空格也是一个字符），"456"的长度为 3，"\"Hello\""的长度为 7（转义字符“\"”代表一个字符），"ab\123c\n4\\14\tk\bw\xa"的长度为 14（其中有多个转义字符，分别为\123、\n、\\、\t、\b、\xa）等。

注意：""（一对紧连的双引号）和" "（中间有一个空格）的区别是，前者长度为 0，也称空串；后者长度为 1，空格也是一个字符。

2）字符串常量在内存中的存储

系统在存放字符串时，会在字符串的结尾自动添加一个字符串结束标志“\0”，因此，字符串在内存中所占的字节数=字符串的实际长度+1，用于存放“\0”。

需要说明的是，系统根据字符串结束标志判断字符串是否结束。系统自动在每个字符串常量的结尾处添加字符串结束标志，用户在书写字符串时不必刻意添加。“\0”是一个 ASCII 码值为 0 的字符，ASCII 码值为 0 的字符是空操作字符 NULL，即它不引起任何控制动作，也不是一个可显示的字符，因此在输出字符串时不显示字符串结束标志。

3. 字符变量

字符变量用来存储字符常量。将一个字符常量存储到一个字符变量中，实际上是将该字符的 ASCII 码值（无符号整数）存储到了内存单元中。字符变量的定义形式如下：

```
char c1,c2;
```

以上语句表示 c1 和 c2 为字符型变量，分别可以存放一个字符，因此可以用下面的语句为 c1、c2 赋值：

```
c1='a';c2='b';
```

一般用 1 字节存放一个字符，即一个字符变量在内存中占 1 字节的存储空间。因为在内存中字符数据以 ASCII 码值存储，与整数的存储形式类似，所以 C 语言的字符型数据和整型数据可以通用，即一个字符数据既可以以字符形式输出，又可以以整数形式输出。当以字符形式输出时，需要先将存储单元中的 ASCII 码值转换成相应的字符；当以整数形式输出时，直接将 ASCII 码值作为整数输出。

【例 2.4】字符变量的字符形式输出和整数形式输出。

```
#include <stdio.h>
void main()
{
    char c1,c2;             //定义两个字符型变量 c1、c2，此时这两个变量是随机值
    c1='a'; c2='b';         //使用赋值语句给两个变量赋值
    printf("c1=%c,c2=%c\n",c1,c2);//%c 是输出字符的格式符
    printf("c1=%d,c2=%d\n",c1,c2);//%d 是输出整数的格式符，输出字符的ASCII 码值
}
```

运行结果：

```
c1=a,c2=b
c1=97,c2=98
```

字符数据可以进行算术运算，即对它们的 ASCII 码值进行算术运算。

【例 2.5】字符大小写的转换。

```
#include <stdio.h>
void main()
{
    char c1,c2;
    c1='a'; c2='B';
    printf("c1=%c,c2=%c\n",c1-32,c2+32);
}
```

运行结果：

```
c1=A,c2=b
```

上述程序的功能是将小写字母 a 转换成大写字母 A，将大写字母 B 转换成小写字母 b。字母 a 的 ASCII 码值为 97，字母 A 的 ASCII 码值为 65，因此通过算术运算 c1-32 可以将小写字母 a 转换成大写字母 A。字母 B 的 ASCII 码值为 66，字母 b 的 ASCII 码值为 98，同理，通过算术运算 c2+32 可以将大写字母 B 转换成小写字母 b。

注意：前面讲述了字符串常量，但未曾提到字符串变量。可以通过关键字 char 来定义字符变量，但 C/C++语言中没有用于定义字符串变量的关键字，字符串变量的定义需要借助数组，这会在第 6 章进行讲述。

2.2.3　实型

1．实型常量

实型常量即实数，又称浮点数，有以下两种表达形式。

（1）十进制数形式：由数字 0～9 和小数点组成（必须有小数点），如 3.14、123.、5.6 等。

（2）指数形式：<尾数>E（e）<整型指数>，它所代表的数值等于尾数乘以 10 的指数次幂。例如，2.0E+5、123e3 分别表示 2.0×10^5、123×10^3。

注意：指数形式中的指数必须是整数，尾数可以是小数，并且 E 或 e 的左右两边必须有数值，不可省略。

2．实型变量

实型变量分为单精度（float 型）和双精度（double 型）两类，定义格式如下：

```
float  x,y;            /*指定 x 和 y 为单精度实数*/
double  z;             /*指定 z 为双精度实数*/
```

在一般系统中，一个 float 型数据在内存中占 4 字节（32 位），一个 double 型数据占 8 字节；单精度实数提供 7 位有效数字，双精度实数提供 16 位有效数字。根据变量的类型截取相应的有效位数字，如 a 已指定为单精度实型变量：

```
float  a;
a=111111.111;
```

由于 float 型变量只能接收 7 位有效数字，因此上述程序中的最后两位小数不起作用。如果将 a 改为 double 型，则能全部接收上述 9 位数字并存储在变量 a 中。

2.2.4　数据类型转换

前面介绍了常用的基本数据类型，不同数据类型的数据之间是可以进行混合运算的，系统遵循的原则是先转换类型，再进行运算。转换类型的方式分成两类：自动转换和强制转换。

1．自动转换

自动转换在进行算术运算和赋值运算时发生，下面分别进行介绍。

1）算术运算

当表达式中运算对象的数据类型不同时，系统会进行类型的自动转换。转换的基本原则是：自动将精度低、表示范围小的运算对象类型向精度高、表示范围大的运算对象类型转换。自动类型转换规则如图 2-5 所示，图中的横向箭头表示必定的转换，如 float 型数据在运算时一律转换成 double 型数据，char、short 型数据一律转换为 int 型数据，以提高运算精度。纵向的箭头表示当运算对象为不同类型时的转换方向。例如，int 型与 double 型数据进行运算，先将 int 型数据转换成 double 型数据，然后对两个同类型（double 型）数据进行运算，结果为 double 型数据。注意：箭头方向只表示数据类型级别的高低，由低级别向高级别转换，不要理解为 int 型数据先转换成 unsigned 型数据，再转换成 long 型数据，最后转换成 double 型数据。如果一个 int 型数据与一个 double 型数据进行运算，则直接将 int 型数据转换成 double 型数据。同理，如果一个 int 型数据与一个 long 型数据进行运算，则直接将 int 型数据转换成 long 型数据。

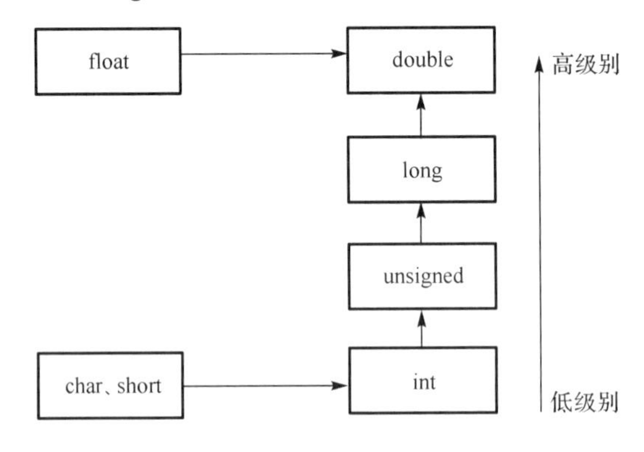

图 2-5　自动类型转换规则

2）赋值运算

赋值运算时的类型转换主要出现在赋值表达式中，不管赋值运算符右边的运算对象是什么类型，都要将其转换为赋值运算符左边运算对象的类型。若赋值运算符右边运算对象的值表示的范围更大，则左边运算对象得到的值将失去右边数据的精度。关于赋值运算符和表达式会在 2.3 节进行介绍。

2．强制转换

C/C++语言提供了强制类型转换运算符，以实现强制类型转换，格式如下：

```
(类型)表达式
```

或

```
类型(表达式)
```

C 语言只支持第一种格式；C++语言支持两种格式，常用第二种格式。下面选择第一种格式来举例说明：

```
float a=1.2;              //定义一个单精度实型变量 a，并赋初始值 1.2
printf("%d", (int)a);     //强制将 a 从实型转换成整型进行输出，输出为 1
```

说明：

（1）在定义变量的同时为其赋初始值，这称为变量的初始化。

（2）在进行类型转换时，运算对象的值不发生变化，如上述例子中 a 的值仍是 1.2。

（3）在从实型数据向整型数据转换时，不遵循四舍五入的原则，而是直接舍去小数部分。

再如：

```
(int)(x+y);        //将表达式 x+y 的值转换为 int 类型
(int)x+y;          //将 x 的值转换为 int 类型，再与 y 相加
```

说明：类型转换不仅可以转换变量，还可以转换表达式。

2.3　运算符与表达式

C/C++语言包含丰富的运算符，常用的有算术运算符、赋值运算符、逗号运算符、关系运算符、逻辑运算符。无论是哪种运算符，都必须有运算对象，根据运算对象个数的不同又可分成单目运算符（1 个运算对象）、双目运算符（2 个运算对象）和三目运算符（3 个运算对象），每种运算符都有自己特定的运算规则。

用运算符把运算对象连接起来组成的运算式称为表达式。每个表达式都可以按照运算符的运算规则进行运算，并最终获得一个值，称为表达式的值。当表达式中有多个运算符时，就会遇到先算哪个、后算哪个的问题。这一问题与运算符的优先级相关，优先级高的先运算，同一优先级的运算符还要受到结合性的制约。运算符的优先级及结合性参见附录 B。

注意区分表达式和语句，二者的关系可以描述成：表达式+分号=表达式语句。表达式语句只是语句的一种。

2.3.1　算术运算符与算术表达式

算术运算符共有 7 个，对应 9 种运算，总体上可分为双目运算符和单目运算符。算术运算符及其含义如表 2-4 所示。算术运算符加上运算对象就构成了算术表达式。

表 2-4　算术运算符及其含义

类　别	运 算 符	含　义	备　注
双目运算符	+	加	自左向右结合
	-	减	
	*	乘	
	/	除	
	%	求余数	运算对象必须是整数，自左向右结合

续表

类　别	运 算 符	含　义	备　注
单目运算符	++	自增 1	运算对象必须是变量，自右向左结合
	--	自减 1	
	+	取正	自右向左结合
	-	取负	

说明：

（1）除法运算符“/”：当运算对象均为整型时，结果为整型，舍去小数。如果运算对象中有一个为实型，则运算结果为实型。例如，5/3=1，5.0/2=2.500000。

（2）取正“+”和取负“-”运算符：运算时不改变运算对象的值。例如，b=-a，a 的值不会改变，仍然是原值。

（3）自增、自减运算符：只能用于变量，不能把它强制加给常量和表达式，如 2++、(x+y)--都是不合法的。注意区分自增（++）和自减（--）运算符在表达式与表达式语句中的应用，下面分别进行介绍。

① 在表达式中：

++a　　先使变量 a 的值加 1，再使用 a。

--a　　先使变量 a 的值减 1，再使用 a。

a++　　先使用变量 a 的值，再使 a 的值加 1。

a--　　先使用变量 a 的值，再使 a 的值减 1。

例如：

```
int a=3,b=5;        //初始化两个整型变量 a 和 b
```

以下 4 个表达式的值有所不同：

```
(a++)+b             //表达式的结果为 8，a 的值为 4，b 的值不变
(++a)+b             //表达式的结果为 9，a 的值为 4，b 的值不变
(a--)-b             //表达式的结果为-2，a 的值为 2，b 的值不变
(--a)-b             //表达式的结果为-3，a 的值为 2，b 的值不变
```

② 在表达式语句中，例如：

```
int x=2;
x=x+1;              //普通语句，执行后 x 的值为 3
```

可以写成：

```
++x;                //表达式语句，执行后 x 的值为 3
```

也可以写成：

```
x++;            //表达式语句，执行后 x 的值也是 3
```

可见，在表达式语句中，自增或自减的运算对象无论在前还是在后，结果都是一样的。

2.3.2 赋值运算符与赋值表达式

赋值运算符包括基本赋值运算符和复合赋值运算符。赋值运算符加上运算对象就构成了赋值表达式。

1. 基本赋值运算符表达式

基本赋值运算符表达式的格式如下：

```
变量标识符=常量或常量表达式
```

功能：将赋值运算符“=”右侧的常量或常量表达式的值赋给左侧的变量。

结合方向：自右向左。

例如，表达式“a=b=c=10”等价于“a=(b=(c=10))”，即首先将常量 10 赋给变量 c，然后将 10 赋给变量 b，最后将 10 赋给变量 a。

需要注意的是，上例中的表达式在程序中构成了一条赋值表达式语句“a=b=c=10;”，是正确的；但如果在程序中构成一条初始化语句“int a=b=c=10;”则是错误的，应该写成“int a=10,b=10,c=10;”。虽然 3 个变量都是整型，前面也讲过，同属一种类型的变量在定义时可以一起定义，只需用逗号分隔开即可，如“int a,b,c;”。但如果在定义的同时用同一个值进行赋值，即进行初始化，则系统仍要求分别赋值。

2. 复合赋值运算符表达式

在赋值符“=”之前加上其他双目运算符就可以构成复合赋值运算符，其一般格式如下：

```
变量　双目运算符=　表达式
```

其中，“双目运算符=”是复合赋值运算符，且两者之间不允许有空格，它等价于：

```
变量=变量 双目运算符 表达式
```

例如：

```
a += 1          //等价于 a = a+1
x *= y+2        //等价于 x = x*(y+2)，注意不是等价于 x=x*y+2
z %= 3          //等价于 z = z%3
```

C/C++语言规定了 10 种复合赋值运算符，具体如表 2-5 所示。

表 2-5　复合赋值运算符

运　算　符	功　　能	运算对象个数
+=	加赋值，如 a +=100，即 a=a+100	双目
-=	减赋值，如 a-=100，即 a=a-100	双目
*=	乘赋值，如 a*=100，即 a=a*100	双目
/=	除赋值，如 a/=100，即 a=a/100	双目
%=	取模赋值，如 a%=100，即 a=a%100	双目
&=	按位与赋值，如 a&=100，即 a=a&100	双目
|=	按位或赋值，如 a |= 100，即 a=a | 100	双目
^=	按位异或赋值，如 a ^=100，即 a=a ^ 100	双目
<<=	向左移位赋值，如 a<<=2，即 a=a <<2	双目
>>=	向右移位赋值，如 a>>=3，即 a=a>>3	双目

注意：赋值运算符的结合性为自右向左。

【例 2.6】求下列表达式的值。

```
a=b=c=3                    //赋值表达式值为 3，a、b、c 的值均为 3
a=6+(b=2)                  //表达式的值为 8，a 的值为 8，b 的值为 2
a=(b=4)+(c=6)              //表达式的值为 10，a 的值为 10，b 等于 4，c 等于 6
```

a+=a-=a*a 也是一个赋值表达式。如果 a 的初值为 4，则此赋值表达式的求解步骤如下。

（1）先进行“a-=a*a”的运算，它相当于 a=a-a*a，即 a=4-16=-12。

（2）再进行“a+=-12”的运算，它相当于 a=a+(-12)，即 a=-12-12=-24。

2.3.3 逗号运算符与逗号表达式

逗号运算符和运算对象组成了逗号表达式，其一般格式如下：

```
表达式 1,表达式 2,…,表达式 n
```

逗号运算符的优先级别在所有运算符中是最低的，结合方向是自左向右。逗号表达式按从左到右的顺序依次求出各表达式的值，并把最后一个表达式的值作为整个逗号表达式的值。例如：

```
x=2*4,x*10
```

上述表达式的计算过程为：先计算 x=2*4，其值为 x=8；再计算 x*10，其值为 80。整个表达式的值为 x*10 的值，即 80，而 x 的值是 8。需要注意的是，只有赋值运算才能改变变量的值，如 x=8，而在 x*10 中，x 只参与运算，并不能修改本身的值。

【例 2.7】逗号表达式应用示例。

```
#include <stdio.h>
void main()
{ int x=8;
   printf("%d,%d\n", x=2*4,x*10);
   printf("%d \n", x=2*4,x*10);
   printf("%d \n", (x=2*4,x*10));
}
```

输出结果：

```
8,80
8
80
```

分析：第 1 行输出两个表达式的值；第 2 行输出由于只有一个控制符%d，因此只能输出一个值，即输出 x=2*4 的值；第 3 行输出也只有一个控制符%d，(x=2*4,x*10) 的两边加上了圆括号，作为一个整体构成了一个逗号表达式，因此按照逗号表达式的计算规则，先计算 x=2*4 得到 x=8，再计算 x*10，得到整个表达式的值是 80。

2.3.4 关系运算符与关系表达式

C/C++语言提供了 6 种关系运算符，如表 2-6 所示。关系运算符将两个运算对象或表达式连接起来构成关系表达式。关系表达式的值为逻辑值，即真或假。C 语言没有逻辑型数据，因此用非 0 的值（常用整数 1）代表“逻辑真”，用整数 0 表示“逻辑假”。C++

语言中具备逻辑型数据，即 bool 类型，该类型数据只有两种取值：true 或 false，等价于 1 和 0。

表 2-6　关系运算符及其优先级

优先级		运算符	名称
高	同级	>	大于
↓		>=	大于或等于
		<	小于
		<=	小于或等于
	同级	= =	等于
低		!=	不等于

例如，假设 num1=2，num2=4，num3=6，则可得出以下结论。

（1）num1>num2 的值为 0（假）。

（2）(num1>num2)!=num3 的值为 1（真）。

（3）num1<num2<num3 的值为 1（真）。

（4）(num1<num2)+num3 的值为 7，因为 num1<num2 的值为 1（真），所以 1+6=7。

2.3.5　逻辑运算符与逻辑表达式

1．逻辑运算符

C/C++语言提供了以下 3 种逻辑运算符：

```
&&        逻辑与(相当于并且)
||        逻辑或(相当于或者)
!         逻辑非(相当于否定)
```

其中，&&和||运算符是双目运算符，如(x>=1) && (x<10)；!运算符是单目运算符，并且出现在运算对象的左边，如!(x<5)。逻辑运算符具有自左向右的结合性。

逻辑运算符的运算规则如表 2-7 所示。

表 2-7　逻辑运算符的运算规则

a	b	!a	a&&b	a||b
真	真	假	真	真
真	假	假	假	真
假	真	真	假	真
假	假	真	假	假

说明：

（1）对于&&，只有两边的运算对象同时为真，逻辑表达式才为真，否则为假。

（2）对于||，只有两边的运算对象同时为假，逻辑表达式才为假，否则为真。

2．逻辑表达式

逻辑表达式是指用逻辑运算符将一个或多个表达式连接起来进行逻辑运算的式子。通常用逻辑表达式表示多个条件的组合，逻辑表达式的值也是一个逻辑值（非“真”即“假”）。

例如，下面的表达式都是逻辑表达式：

```
(x>=0) && (x<10)
(x<1) || (x>5)
(year%4==0)&&(year%100!=0)||(year%400==0)
```

说明：

（1）逻辑运算符两侧的运算对象除可以是 0 和非 0 的整数外，还可以是其他任何类型的数据，如实型、字符型等。例如，0.0、NULL 与整数 0 一样可以表示假，−1、1.5、'a' 与整数 1 一样可以表示真。

（2）在计算逻辑表达式时，只有在必须执行下一个表达式时才求解该表达式（并不是所有的表达式都被求解，即“非完全求解”）。也就是说，对于&&运算，如果第一个运算对象被判定为“假”，则系统不再判定或求解第二个运算对象，因为已经可以得出整个表达式为假；对于||运算，如果第一个运算对象被判定为“真”，则系统不再判定或求解第二个运算对象，因为已经可以得出整个表达式为真。

例如，如果已有定义“int x=1,y=1,z=1;”，则对于如下的逻辑表达式有不同的结果。

① (x=0) && (y=2) && (z=3);。

上述表达式的结果是 0，x 的值为 0，y 和 z 的值保持不变。

② (x=5) && (y=0) && (z=3);。

上述表达式的结果是 0，x 的值为 5，y 的值为 0，z 的值保持不变。

③ (x=5) || (y=2) || (z=3);。

上述表达式的结果是 1，x 的值为 5，y 和 z 的值保持不变。

④ (!x) || (y=0) || (z=3);。

上述表达式的结果是 1，x 的值保持不变（1），y 的值为 0，z 的值为 3。

视频讲解（扫一扫）：非完全求解

2.3.6 条件运算符与条件表达式

条件运算符是唯一的三目运算符，由“?”和“:”两个字符组成，用于连接 3 个运算对象，结合方向是自右向左。用条件运算符“？”和“:”组成的表达式称为条件表达式。其中的运算对象可以是任何合法的算术、关系、逻辑、赋值或条件等各种类型的表达式。

条件表达式的格式如下：

```
表达式 1?表达式 2:表达式 3
```

运算规则：当表达式 1 为真时，以表达式 2 的值作为整个表达式的值；当表达式 1 为假时，以表达式 3 的值作为整个表达式的值。

【例 2.8】找出两个整数中的最大值。

```
#include <stdio.h>
void main()
{ int a,b;
   printf("请输入 a 和 b 的值：");
   scanf("%d,%d",&a,&b);          //通过键盘输入两个整数
   printf( "max=%d",a>b?a:b);    //利用条件运算符找出 a 和 b 的最大值
}
```

运行结果：

```
输入：    2,4↙
输出：    max=4
```

【例 2.9】条件表运算符的嵌套使用。

```
#include <stdio.h>
void main()
{ int a=6, b=5, c=7, d;
  printf("%d\n", d=a>b? a>c?a:c :b);
}
```

运行结果：

```
输出：    7
```

2.4　数据的输入和输出

将数据从计算机内部送到计算机的外部设备上的操作称为输出，如将数据显示在显示屏上；将数据从计算机外部设备送入计算机内部的操作称为输入，如键盘键入数据。C 语言本身不提供用于输入/输出的语句，在程序中可以通过调用标准库函数提供的输入/输出函数实现数据的输入/输出。

2.4.1　字符输入函数

字符输入函数（getchar 函数）的作用是从标准输入设备上输入一个字符到计算机内部。getchar 函数调用的一般格式如下：

```
getchar();
```

说明：

（1）在使用 getchar 函数时，必须在程序的开头包含头文件 stdio.h 的命令行。

（2）getchar 函数是一个无参函数，但在调用 getchar 函数时，后面的圆括号不能省略。

（3）一个 getchar 函数只能接收一个字符。在输入时，只有在用户键入 Enter 键后，输入才执行。

2.4.2 字符输出函数

字符输出函数(putchar 函数)的作用是在标准输出设备上输出一个字符。在使用 putchar 函数时，也必须在程序的开头包含头文件 stdio.h 的命令行。

putchar 函数调用的一般格式如下：

```
putchar(ch);
```

其中，putchar 是函数名；ch 是函数参数，可以是字符型或整型的常量、变量或表达式。

【例 2.10】利用 putchar 函数输出字符。

```
#include <stdio.h>
void main()
{
    char c1,c2;           //定义两个字符型变量 c1、c2
    c1='a';c2='B';        //分别赋值
    putchar(c1);          //输出变量 c1
    putchar(c2);          //输出变量 c2
    putchar(c1-32);  //先进行 ASCII 码值的运算再输出，变量 c1 从小写变成大写
    putchar(c2+32);  //先进行 ASCII 码值的运算再输出，变量 c2 从大写变成小写
}
```

运行结果：

```
aBAb
```

【例 2.11】字符输入/输出。

```
#include <stdio.h>
void main()
{
    putchar(getchar());      //将用户通过键盘输入的字符显示在显示屏上
    putchar(getchar());
}
```

运行结果：

```
输入：ab↙
输出：ab
```

分析：本例是将用户输入的字符直接输出在显示屏上。需要注意的是，在输入时，两个字符 a 和 b 是连续输入的，然后按 Enter 键。是否可以先输入一个字符 a 并按 Enter 键，再输入一个字符 b 并按 Enter 键呢？大家可以上机试验一下，会发现在利用这种方式输入时，第二个字符 b 无法显示在显示屏上，换言之，第二个字符 b 没有输入计算机内部。原因在于 Enter 键也是字符，第一次输入 a 后按 Enter 键，计算机把它当成了第二个字符。因此，后面输入的 b 无法输入计算机内部。

视频讲解（扫一扫）：例 2.10

视频讲解（扫一扫）：例 2.11

2.4.3 格式输入函数

格式输入函数（scanf 函数）的功能是从键盘上输入数据，该数据按指定的输入格式被赋给相应的输入项。在使用该函数时，必须在程序的开头包含头文件 stdio.h 的命令行。

scanf 函数的一般格式如下：

```
    scanf("格式控制",输入项表);
```

其中，格式控制规定数据的输入格式，必须用双引号引起来，其内容仅仅是格式说明；输入项表由一个或多个变量地址组成(变量地址就是在变量名前加地址符“&”)，当变量地址有多个时，各变量地址之间用“,”隔开。

1. 格式控制

格式说明符由“%”和格式字符组成，用于指定输入数据的类型和宽度。在“%”和格式字符之间也可以有附加的格式字符。

根据输入数据的类型，输入的格式字符可以分为 3 类：字符型数据输入、整型数据输入和实型数据输入，如表 2-8 所示。

表 2-8 scanf 函数中使用的格式字符

输入类型	格式字符	说　明
字符型数据	c	输入一个字符
	s	输入字符串
整型数据	d，i	输入十进制整型数
	o	以八进制形式输入整型数（可以带前导 0，也可以不带）
	x	以十六进制形式输入整型数（可以带前导 0x 或 0X，也可以不带）
	u	无符号十进制整型数
实型数据	f(lf)	以带小数点的形式或指数形式输入单精度（双精度）数
	e(le)	与 f(lf) 的作用相同

在“%”与格式字符之间可以增加附加格式字符。scanf 函数中使用的附加格式字符如表 2-9 所示。

表 2-9 scanf 函数中使用的附加格式说明符

附加格式字符	说　明
l	用于指定输入的数据是长整型或双精度型
m	用于指定输入数据的域宽
*	忽略读入的数据（不将读入的数据赋给对应的变量）

说明：

（1）在格式控制中，格式说明的类型与输入项的类型应该对应匹配。如果类型不匹配，那么系统并不给出出错信息，得不到正确的数据。

（2）在 scanf 函数中的格式字符前可以用一个整数指定输入数据所占的宽度，但不可以对实型数据指定小数位的宽度。

（3）在格式控制中，格式说明符的个数应该与输入项的个数相同。当格式说明符的个数少于输入项的个数时，scanf 函数结束输入，多余的数据项并不能输入计算机内部；当格式说明符的个数多于输入项的个数时，scanf 函数也不能输入多余的数据。

（4）在格式控制中不能出现转义字符。例如，scanf("%d\n",&a)中出现了转义字符“\n”，这是错误的。

2. 通过键盘输入数据

当执行 scanf 函数输入数据时，用户通过键盘输入，最后一定要按 Enter 键，只有这样 scanf 函数才能接收从键盘上输入的数据。

1）输入数值数据

当从键盘上输入数值数据时，输入的数值数据之间需要间隔开，具体的间隔形式应与格式控制的形式一致。

例如，假设有 3 个整形变量 a、b、c，有输入语句：

scanf("%d%d%d",&a,&b,&c);

则在通过键盘输入时，可采用以下两种方式（假设给 a 赋予 1，给 b 赋予 2、给 c 赋予 3）：

```
1  2  3↙  （数之间可以用空格或制表符分隔）
```

或

```
1↙
2↙
3↙
```

又如，有输入语句：

scanf("%d,%d,%d",&a,&b,&c);

则通过键盘输入的是为：

```
1,2,3↙
```

再如，有输入语句：

scanf("a=%d,b=%d,c=%d",&a,&b,&c);

则通过键盘输入的是：

```
a=1,b=2,c=3↙
```

可以看出，在输入时，间隔形式要与格式控制的形式一致，即 scanf 函数中的" "中有什么内容就键入什么内容。

2）指定输入数据所占的宽度

可以在格式说明符前加一个整数，用来指定输入数据所占的宽度。

3）忽略输入数据的方法

可以在格式说明符和“%”之间加一个“*”，作用是跳过对应的输入数据。例如：

```
int  a1,a2,a3;
scanf("%d%*d%d%d",&a1,&a2,&a3);
```

当输入以下数据时：

```
1 2 3 4↙
```

将把 1 赋给 a1，跳过 2，把 3 赋给 a2，把 4 赋给 a3。

视频讲解（扫一扫）：scanf 函数的使用

2.4.4　格式输出函数

格式输出函数（printf 函数）的作用是按格式控制指定的格式在标准输出设备上输出输出项表中列出的各输出项。在使用该函数时，必须在程序的开头包含头文件 stdio.h 的命令行。

printf 函数的一般调用格式如下：

```
printf("格式控制",输出项表);
```

例如：

```
printf("a=%d,b=%d",a,b);
```

其中，printf 是函数名；格式控制必须用双引号引起来，如"a=%d,b=%d"，称为格式控制串；a、b 是输出项表中的输出项，如果输出项表中有多个输出项，则需要用逗号进行分隔。

1．格式控制

在使用 printf 函数时，要求每个输出项都必须用一个格式说明符来指定其输出格式。不同类型的数据需要不同的格式说明符来说明。例如，%d 指定输出整型数据，%f 或%e 指定输出实型数据。表 2-10 列出了 printf 函数中常用的格式字符。

表 2-10　printf 函数中常用的格式字符

格式字符	说　明
c	以字符形式输出，只输出一个字符
d	以带符号的十进制形式输出整数（正数符号不输出）
o	以八进制无符号形式输出整数（不输出前导符 0）
x 或 X	以十六进制无符号形式输出整数（不输出前导符 0x 或 0X）
u	以无符号的十进制形式输出整数
f	以小数形式输出单、双精度数，隐含输出 6 位小数
e 或 E	以标准指数形式输出单、双精度数，数字部分小数位数为 6 位
s	以字符串形式输出
g	选用%f 或%e 格式中输出宽度较短的一种格式

在“%”与格式字符之间可以增加附加格式说明符，主要用于指定输出数据的宽度和输出形式，表2-11列出了printf函数中常用的附加格式字符。

表2-11　printf函数中常用的附加格式字符

符　号	说　明
l	表示长整型数据，可加在格式说明符d、o、x、u的前面
m	指定输出字段的宽度；对于实数，表示总位数包含小数点，不足左补空格，超出按实际
.n	对于实数，表示输出n位小数；对于字符串，表示截取的字符个数为n
+	使输出的数值数据无论正负都带符号输出
-	使数据在输出域内按左对齐方式输出

2．输出显示数据

执行printf函数后，将在输出设备上按照输出格式控制显示输出结果，下面举例说明。

【例2.12】整型数据的输出。

```
#include <stdio.h>
void main()
{
    unsigned int a=4294967295;
    printf("a=%d,%o,%x,%u\n",a,a,a,a);
}
```

运行结果：

```
a=-1,37777777777,ffffffff,4294967295
```

分析：整型数据在内存中按二进制补码的形式存放。当用%d进行输出时，将最高位视为符号位，按有符号数进行输出。因此，尽管变量a定义的是无符号的整型，但在输出第一个变量a时，由于控制符是%d，4294967295对应的二进制数最高位是1，计算机认为它是一个负数（当前是补码），会转换成对应负数的原码，因此输出的是–1。当用%o、%x（或%X）、%u控制输出时，会将最高位视为数据位，按无符号数进行输出。其中，%o输出该数对应的八进制数，对应补码，从右向左每3位二进制数作为1位八进制数，因此4294967295对应的八进制数是37777777777。%x（或%X）输出对应的十六进制数，如果是%x，则输出含小写字母表示的十六进制数；如果是%X，则输出含大写字母表示的十六进制数，对应补码，从右向左每4位二进制数作为1位十六进制数，因此4294967295对应的十六进制数是ffffffff。%u输出对应的无符号十进制数，因此在输出第4个变量时，计算器把最高位的1看作数值位进行输出，即输出的是4294967295。

【例2.13】实型数据的输出。

```
#include <stdio.h>
void main()
{
    float x1,y1;
    double x2,y2;
    x1=111111.111;
```

```
        y1=222222.222;          //x1 和 y1 的值包括 6 位整数、3 位小数
        x2=3333333333333.333;
        y2=4444444444444.444;   //x2 和 y2 的值包括 13 位整数、3 位小数
        printf("%f\n",x1+y1);
        printf("%lf\n",x2+y2);
        printf("%e\n",x1+y1);
        printf("%E\n",x2+y2);
    }
```

运行结果：

```
    333333.328125
    7777777777777.777300
    3.333333e+005
    7.777778E+012
```

分析：实型数据的格式说明符有%f、%e（或%E）、%g。当按%f 输出小数形式的实型数据时，整数部分全部输出，小数部分固定输出 6 位，可以输出单精度实数，也可输出双精度实数；当按%e（或%E）输出指数形式的实型数据时，尾数部分保留 1 位非零整数，指数部分为整数，中间的指数标识为小写字母 e；当按%E 输出指数形式的实型数据时，指数标识为大写字母 E；当按%g 形式输出实型数据时，系统自动选择输出形式，使输出数据的宽度最小。在本例中，由于变量 x1 和 y1 定义的是单精度 float 型，因此输出结果只有前 7 位数字是有效数字；变量 x2 和 y2 定义的是双精度 double 型，因此输出结果的前 16 位数字是有效数字。

【例 2.14】 字符型数据的输出。

```
    #include <stdio.h>
    void main()
    {
        char a='a';
        int b=97;
        printf("%c,%d\n",a,a);
        printf("%c,%d\n",b,b);
        printf("%s\n","CHINA");
    }
```

输出结果：

```
    a,97
    a,97
    CHINA
```

分析：字符型数据的输出要用格式说明符%c 和%s。%c 指定输出一个字符，与 putchar 函数的功能相同；%s 指定输出一个字符串常量或一个字符数组中存放的字符串，从第一个字符开始输出，直至遇到字符串结束标志'\0'。

字符在内存存放的是相应的 ASCII 码值，因此第 1 行输出字符变量 a 的值，当用%c 控制时输出字符；当用%d 控制时输出对应的 ASCII 码值（字符 a 的 ASCII 码值是 97）。在本例中的语句“char a='a';”中，两个 a 的含义是不同的，前者是字符变量的变量名 a，后者是带有单引号表示的字符常量'a'。

习　　题

2-1　下面哪些是合法的标识符。

（1）char　（2）int　（3）word　（4）2num

（5）_abc　（6）ABC　（7）a_2bc　（8）L.ab

2-2　表达式 8/(int)(1.2*(4.7+2.3))的值是________。

2-3　若定义 int a=2,b=3;float x=3.5,y=2.5;，则下面的表达式的值是________。

```
(float)(a+b)/2+(int)x%(int)y
```

2-4　设有一整型变量 a，则表达式(a=4*5,a*2,a+6)的值是________。

2-5　假设所有变量都是整型，则表达式(a=6,b=3,a++,b++,a+b)的值是________。

2-6　假设 int a=1,b=2,c=3，求下列表达式的值：

（1）a&&(a>b)||!(c)

（2）!((a<b)?b++:++a)||(c>b)

2-7　以下程序的输出结果是________。

```
#include<stdio.h>
void main()
{
    int x=10,y=10;
    printf("%d%d\n",x--,--y);
}
```

2-8　以下程序的输出结果是________。

```
#include<stdio.h>
void main()
{
    int a=2;
    a%=(5-1);
    printf("%d\n",a);
    a+=a*=a-=a*3;
    printf("%d",a);
}
```

2-9　以下程序的输出结果是________。

```
#include<stdio.h>
void main()
{
    int y=3,x=3,z=1;
    printf("%d%d\n",(++x,y++),z+2);
}
```

2-10　以下程序的输出结果是________。

```
#include<stdio.h>
void main()
{
    int x=016,y=115;
```

```
    printf("%d\n",++x);
    printf("%x\n",y++);
}
```

2-11　以下程序在输入“1　2　3↙”后的运行结果是________。

```
#include<stdio.h>
void main()
{   int a,c;char b;
    scanf("%d%c%d",&a,&b,&c);
    printf("a=%d,b=%c,c=%d\n",a,b,c);
}
```

本章知识点测验（扫一扫）

第3章　程序设计基本结构

学习程序设计语言的最终目标是会编写程序，利用计算机强大的计算能力帮助人们更高效地解决实际问题。程序设计主要包含两方面的内容：一方面是数据的描述，针对实际问题选择合适的数据类型和组织形式；另一方面是对操作的描述，按什么步骤进行操作，即算法。本章介绍算法的常用描述方法及程序设计的基本结构。

3.1　算法及算法描述方法

3.1.1　算法

算法是编写程序的根本，针对不同问题找到表示该问题的合适算法是对编程人员的根本要求。算法具有以下特点。

1. 有穷性

有穷性是指一个算法应该包含有限的操作步骤，而不能是无限的。需要注意的是，有穷性也是指符合人们的常识和问题需要的合理范围。

2. 确定性

确定性是指算法中的每个步骤都应当是确定的，不能产生歧义。

3. 可行性

可行性是指算法中的每个步骤都应当可以有效地执行，并得到确定的结果。例如，a=5 且 b=0，则 a/b 是不能执行的，是错误的。

4. 有 0 个或多个输入

输入是指在执行算法时需要从外界取得必要的信息。例如，需要输入一个数，然后判断它是否为整数（也可以有两个或多个输入）。例如，求两个整数 a、b 的最大值，需要输入 a 和 b 的值。当然，算法也可以没有输入。

5. 有 1 个或多个输出

算法的目的是求解，解就是输出。例如，判断一个整数是否为素数的算法，最后打印的“是素数”或“不是素数”就是输出信息。没有输出的算法是没有意义的。

3.1.2　算法描述方法

描述一个算法，可以有不同的方法，常用的有自然语言、流程图、伪代码。

1. 用自然语言描述算法

自然语言就是人们在生活中使用的语言。用自然语言表示的含义容易出现歧义，因此除了简单问题，一般不推荐用自然语言描述算法。

2. 用流程图描述算法

流程图利用一些特殊的图形来表示操作过程。用图形表示算法较直观、形象、易于理解。常用流程图符号如图 3-1 所示。

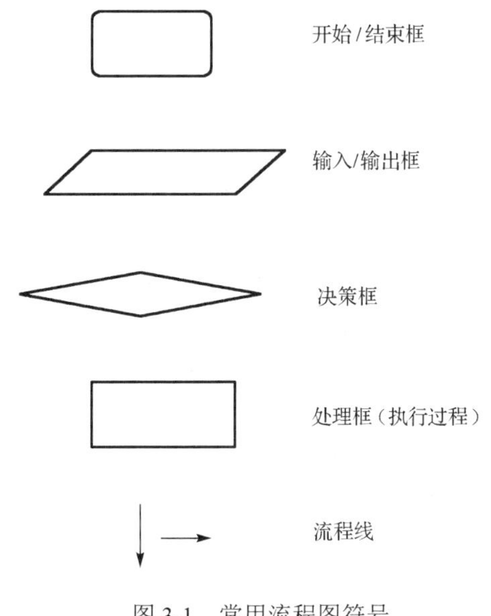

图 3-1　常用流程图符号

3. 用伪代码描述算法

伪代码是介于自然语言和计算机语言之间的文字与符号描述算法。它的每一行表示一项基本操作，它不使用图形符号，书写方便、格式紧凑、容易理解，便于向计算机语言过渡。

【例 3.1】求出 3 个整数中的最大数和最小数。

（1）用自然语言描述算法（S1～S5 代表算法步骤）。

S1：输入 3 个整数 a、b 和 c；定义两个变量 max 和 min，用于存放最大数和最小数。

S2：比较 a 和 b，如果 a 大于或等于 b，则把 a 赋给 max，把 b 赋给 min；否则把 a 赋给 min，把 b 赋给 max。

S3：比较 max 和 c，如果 max 小于 c，则把 c 赋给 max。

S4：比较 min 和 c，如果 min 大于 c，则把 c 赋给 min。

S5：输出 max 作为最大数，输出 min 作为最小数。

（2）用流程图描述算法，如图 3-2 所示。

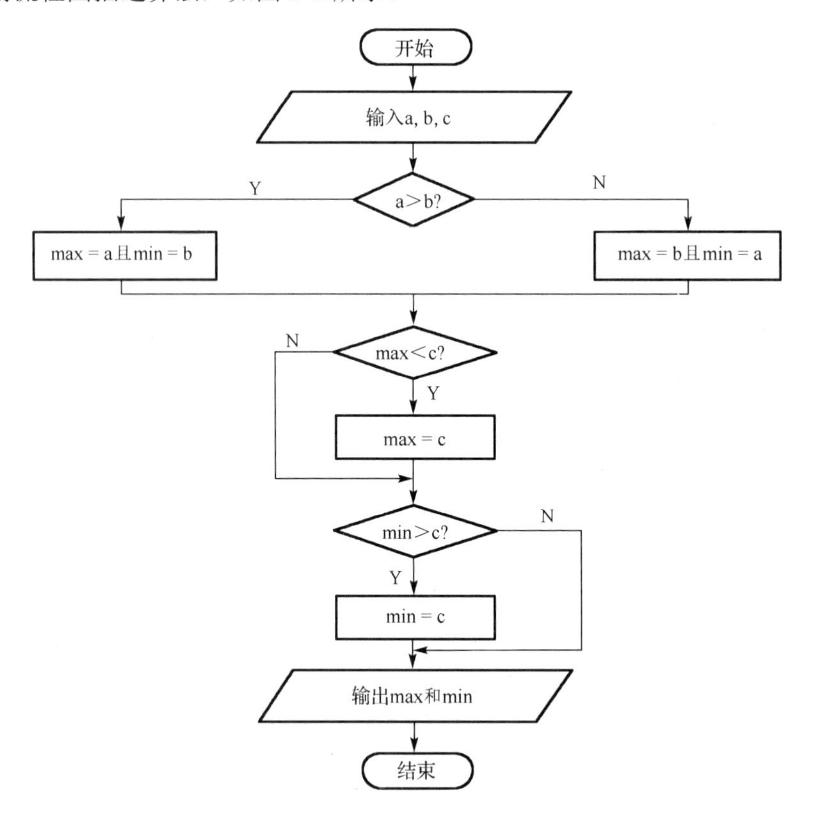

图 3-2　求 3 个整数中的最大数和最小数的算法流程

（3）用伪代码描述算法：

```
INPUT a,b,c
IF a>=b THEN max=a,min=b
ELSE max=b,min=a
IF max<c THEN max=c
IF min>c THEN min=c
OUTPUT  max, min
END
```

3.2 顺序结构

在第 1 章中介绍过结构化程序设计的思想，即把一个复杂的大问题分解成若干独立的小问题，分而治之。结构化程序设计有三大基本结构：顺序结构、选择结构、循环结构。

顺序结构程序是最简单的程序，由计算机硬件直接支持，自上而下顺序执行，无分支、无转移、无循环。顺序结构程序主要由定义语句、表达式语句、复合语句和空语句等构成，其格式为：

```
语句 1;
语句 2;
语句 3;
…
语句 n;
```

程序执行时先执行语句 1，再执行语句 2，接着执行语句 3，…，最后执行语句 *n*。

【例 3.2】 输入一个三位数，依次输出该数的百位、十位、个位数字。

```
#include<stdio.h>
void main()
{ int num,a,b,c;
    scanf("%d",&num);            //允许用户通过键盘输入一个三位数，并赋给变量 num
    a=num/100;                   //计算得到 num 的百位并存入变量 a 中
    b=num/10%10;                 //计算得到 num 的十位并存入变量 b 中
    c=num%10;                    //计算得到 num 的个位并存入变量 c 中
    printf("百位：%d\n 十位：%d\n 个位：%d\n",a,b,c);
}
```

运行时，通过键盘输入：

```
456↙
```

显示屏显示：

```
百位：4
十位：5
个位：6
```

分析：本例程序是顺序结构程序，中间没有分支、循环，自上而下一步步执行。程序设计中合理地利用除法和取余数的操作，分离出数的每一位。试想，如果要分离出一个比较大的数的每一位，那么该如何设计程序呢？后面会进行介绍。

3.3 选择结构

选择结构又称分支结构，是结构化程序设计的 3 种基本结构之一。C 语言和 C++语言的结构控制语句是完全一致的，本节例题中的输入/输出语句采用 C 语言语句进行描述。C/C++语言提供了两种选择结构语句：条件语句（if 语句）和开关语句（switch 语句）。另外，第 2 章中讲述的条件运算符“? :”也可以实现选择的功能。

3.3.1　if 语句

if 语句有 3 种基本结构形式：单分支、双分支和多分支。

1. 单分支 if 语句

单分支 if 语句的格式如下：

```
if(表达式)
    {
        语句
    }
```

单分支 if 语句的执行过程如图 3-3 所示。首先执行表达式，如果表达式的结果为真，则执行花括号中的语句(语句可以是一条或若干条)；否则，执行下一条语句。

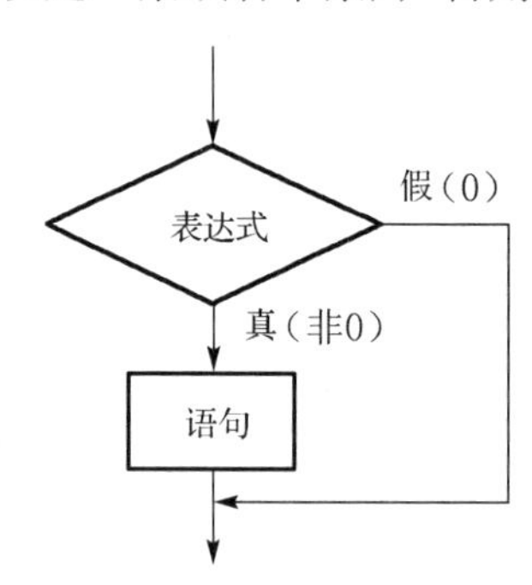

图 3-3　单分支 if 语句的执行过程

【例 3.3】输入任意两个整数 num1、num2，求两个数中的最大值。

```
#include <stdio.h>
void main()
{
    int num1,num2,max;
    printf("Please input two numbers:");    //提示语，提示用户增加交互性
    scanf("%d,%d",&num1,&num2);             //允许用户键入两个整数
    max=num1;
    if(max<num2)                            //单分支 if 语句结构
    max=num2;
    printf("max=%d\n",max);
}
```

运行结果：

```
Please input two numbers:4,6↙
max=6
```

分析：首先取一个数并预置为 max（最大值）；然后用 max 与另一个数进行比较，如果发现它比 max 大，就将它重新赋值给 max，max 中的数就是最大值。需要说明的是，若满足条件只执行一条语句，则可以省略花括号；但若执行多条语句，则必须使用花括号把所有语句括起来，这一规定适用所有 if 语句。例如：

```
if(a<b)
    {t=a;a=b;b=t;}
```

2. 双分支 if 语句

双分支 if 语句的格式如下：

```
if(表达式)
    {语句 1}
else
    {语句 2}
```

双分支 if 语句的执行过程如图 3-4 所示。如果表达式的结果为真，则执行语句 1；否则，执行语句 2。

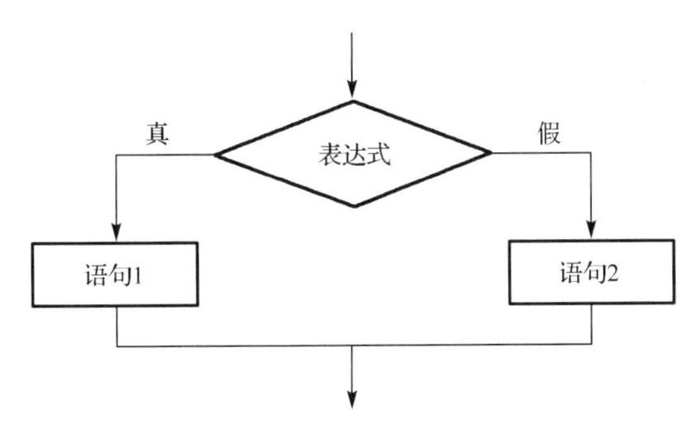

图 3-4　双分支 if 语句的执行过程

【例 3.4】利用双分支 if 结构实现求两个数中的最大值。

```
#include <stdio.h>
void main()
{
    int num1,num2,max;
    printf("Please input two numbers:");     //提示语，提示用户增加交互性
    scanf("%d,%d",&num1,&num2);             //允许用户键入两个整数
    if(num1>num2)
        max=num1;
    else  max=num2;                          //双分支 if 语句结构
    printf("max=%d\n",max);
}
```

运行结果：

```
Please input two numbers:4,6↙
max=6
```

分析：注意对比例 3.3 和例 3.4，有 if 不一定有 else；但如果有 else，那么一定要有 if 与它配对。

3. 多分支 if 语句

多分支 if 语句的格式如下：

```
if    (表达式 1){语句 1}
else  if(表达式 2){语句 2}
else  if(表达式 3){语句 3}
…
else  if(表达式 m){语句 m}
else  {语句 n}
```

多分支 if 语句的执行过程如图 3-5 所示，首先执行表达式 1，如果表达式 1 的结果为真，则执行语句 1；否则执行表达式 2，如果表达式 2 的结果为真，则执行语句 2；依次类推，如果表达式的结果都为假，则执行语句 n。

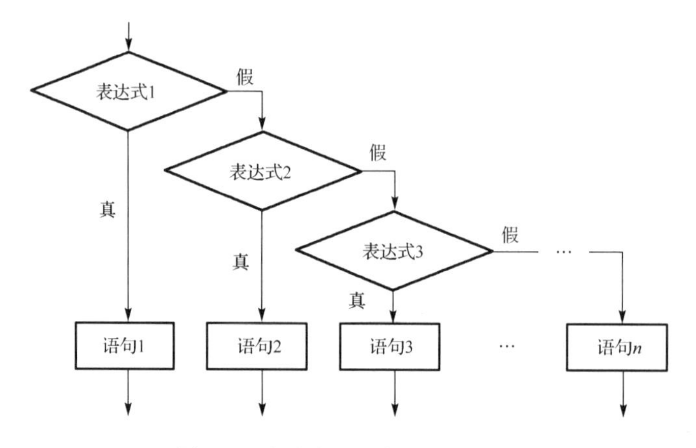

图 3-5　多分支 if 语句的执行过程

【例 3.5】 有以下函数：

$$y=\begin{cases}\sqrt{x} & x>0\\ 1 & x=0\\ \sqrt{-x} & x<0\end{cases}$$

编写一个程序，在输入一个实型数 x 值后，输出 y 值。

```
#include <stdio.h>
#include <math.h>
void  main()
{
    float  x,y;                          //定义两个实型变量 x 和 y
    scanf("%f",&x);
    if(x>0)
        y=sqrt(x);                       //数学函数 sqrt()用来求开方
    else if(x==0)
        y=1;
    else
        y=sqrt(-x);                      //多分支 if 语句结构
    printf("x=%f,y=%f\n",x,y);
}
```

运行结果：

```
输入：  -9.0↙
输出：  x=-9.000000,y=3.000000
```

分析：本例首次出现了数学函数 sqrt，它属于系统预定义函数，使用前必须在程序的开头加上相应的头文件#include <math.h>。

4. if 语句的嵌套

所谓 if 语句的嵌套，是指在 if 语句中又包含一个或多个 if 语句的情况，其一般形式如下：

```
if()
    if()  {语句 1}
    else  {语句 2}
else
    if()  {语句 3}
    else  {语句 4}
```

前面提到如果有 else，那么必须有 if 与之配对。在嵌套的 if 语句中更应注意 if 与 else 的配对关系。规定 else 总是与离它最近的未曾配对的 if 配对。

另外，前面提到有 if 不一定有 else。如果程序设计过程中的 if 与 else 的数目不一样，则可以通过添加花括号来明确配对关系。例如：

```
if()
    {if() {语句 1}}
else
    {语句 2}
```

在上述程序中，花括号限定了内嵌 if 语句的范围，因此 else 与第一个 if 配对，并不与离它最近的 if 配对。为明确匹配关系，避免匹配错误，建议将内嵌的 if 语句一律用花括号括起来。例如：

```
if()
    {
        if()  {语句 1}
        else  {语句 2}
    }
else
    {
        if()  {语句 3}
        else  {语句 4}
    }
```

【例 3.6】用 if 嵌套语句实现例 3.5 的功能。

```
#include <stdio.h>
#include <math.h>
void  main()
{
    float  x,y;
    scanf("%f",&x);
    if(x>=0)
    {
        if(x>0)  y=sqrt(x);
         else y=1;
    }                                        //if 语句的嵌套
    else
        y=sqrt(-x);
```

```
        printf("x=%f,y=%f\n",x,y);
}
```

分析：先将函数的 3 个分段改为 2 个分段：x>=0 和 x<0，在 x>=0 的前提下进一步细分成 x>0 和 x=0 两种情况，利用 if 语句的嵌套形式加以实现。

【例 3.7】 if 语句嵌套使用示例。

```
#include <stdio.h>
void main()
{ int a,b,c,s,w,t;
  s=w=t=0;
  a=-1; b=3; c=3;
  if (c>0) s=a+b;
  if (a<=0)
   { if (b>0)
      if (c<=0) w=a-b;
  }
  else if (c>0) w=a-b;
   else t=c;
  printf("%d %d %d", s,w,t);
}
```

运行结果：

```
输出:  2 0 0
```

分析：本例不仅应用了 if 语句的嵌套，还应用了多分支 if 语句。注意，在多分支 if 语句中，else if 和 else 的分支判断都是在不满足 if 语句条件的前提下进行进一步的条件判断的。

3.3.2 switch 语句

C/C++语言提供了实现多路选择的另一个语句——switch 语句，也称开关语句。switch 语句的基本格式如下：

```
switch(表达式)
{
    case 常量表达式 1:语句序列 1

    case 常量表达式 2:语句序列 2
    …
    case 常量表达式 n:语句序列 n
    default:语句
}
```

语句的执行过程：计算表达式的值，当找到与某个 case 后面的常量表达式的值相等时，执行此 case 分支中的语句序列，然后继续执行下一个 case 分支对应的语句序列，直至最后。若所有的 case 中的常量表达式的值都不能与表达式中的值相匹配，则执行 default 分支中的语句序列。

说明：

（1）关键字 switch 后面的表达式的值是整型或字符型数据。

（2）关键字 case 后面的常量表达式的值也只能是整型或字符型数据，并且各 case 分支的常量表达式的值应各不相同。case 与常量表达式之间一定要有空格。

（3）语句序列可以是多条语句，无须像 if 语句一样用花括号括起来。

（4）当所有 case 的常量表达式都不能与表达式的值相匹配时，执行 default 分支中的语句序列。default 分支不要求必须存在，程序员可以根据具体问题分析是否需要。若需要，则在每个 switch 结构中都只能有一个 default 分支。

（5）在书写程序时，各 case 及 default 分支的先后次序不影响程序执行结果。

（6）多个 case 也可以公用语句序列，此时不必重复书写，只需将公用语句序列的 case 情况连续书写，并在最后一个 case 后书写语句序列即可。

【例 3.8】 从键盘上输入一个百分制成绩 score，并按下列原则输出其等级：score≥90，等级为 A；80≤score<90，等级为 B；70≤score<80，等级为 C；60≤score<70，等级为 D；score<60，等级为 E。

```
#include <stdio.h>
void main()
{
    int  score;
    printf("Input a score(0~100): ");   //提示语
    scanf("%d", &score);                //允许用户键入成绩
    switch (score/10)        //构造表达式 score/10，把连续的数据离散化
    {
        case  10:
        case   9: printf("grade=A\n");   //case 10 和 case 9 公用语句
        case   8: printf("grade=B\n");
        case   7: printf("grade=C\n");
        case   6: printf("grade=D\n");
        case   5:
        case   4:
        case   3:
        case   2:
        case   1:
        case   0:printf("grade=E\n");    //case 5~case 0 公用语句
        default:printf("END\n");
    }
}
```

运行结果：

```
Input a score(0~100): 75↙
grade=C
grade=D
grade=E
END
```

分析： 执行以上程序，在输入 75 后，执行 switch 语句。首先计算 switch 后圆括号中的表达式“75/10”，它的值为 7；然后寻找与 7 吻合的 case 7 分支，开始执行其后的各语

句，直到最后。结果显然不符合题意，为了改变这种多余输出的情况，switch 语句常需要与 break 语句配合使用。

3.3.3 break 语句

break 语句也称间断语句。可以在 switch 语句中各 case 语句序列之后加上 break 语句，每当执行 break 语句时，会立即跳出 switch 语句体，避免继续执行后续的 case 语句序列。switch 语句通常和 break 语句联合使用，使 switch 语句真正起到分支选择的作用。

现用 break 语句修改例 3.8 的程序：

```
#include <stdio.h>
void main()
{
    int  score;
    printf("Input a score(0~100): ");
    scanf("%d", &score);
    switch (score/10)
    {
        case  10:
        case   9: printf("grade=A\n"); break;
        case   8: printf("grade=B\n"); break;
        case   7: printf("grade=C\n"); break;
        case   6: printf("grade=D\n"); break;
        case   5:
        case   4:
        case   3:
        case    2:
        case    1:
        case    0: printf("grade=E\n"); break;
        default: printf("END\n");
    }
}
```

运行结果：

```
Input a score(0~100): 75↙
grade=C
```

【例 3.9】switch 语句嵌套使用示例。

```
#include<stdio.h>
void main()
{
    int a=2,b=7,c=5;
    switch(a>0)
    {  case 1:switch(b<0)
              { case 1: printf("$");printf("\n");break;
                case 2: printf("@");printf("\n");break;
```

```
            }
        case 0:switch(c==5)
            { case 0: printf("!");printf("\n");break;
              case 1: printf("&");printf("\n");break;
              default:printf("#");printf("\n");break;
            }
        default:printf("*");
      }
    printf("\n");
}
```

运行结果：

```
&
*
```

3.4 循 环 结 构

循环结构是结构化程序设计的 3 种基本结构之一。在 C/C++语言中，可以通过 while 语句、do…while 语句、for 语句及 goto 语句实现循环结构。需要注意的是，这里指的循环是有条件、有限度的循环，不支持无止境的循环，即不允许出现死循环。

3.4.1 while 语句

while 语句的格式如下：

```
while(表达式)
循环体;
```

从格式上看，关键字 while 后紧跟一对圆括号，其中的表达式是循环控制条件；其后是“循环体+分号”。循环体是指一系列反复执行的操作，对应到程序中，可以由一条或若干条语句构成。当多于一条语句时，一定要用花括号将所有构成循环体的语句括起来。

从执行步骤上看，先计算表达式，当表达式的值为假（0）时，不执行循环体，直接执行循环体后面的语句；当表达式的值为真（非 0）时，执行循环体，执行完毕再转去计算表达式，直到表达式的值为假（0），再执行循环体后面的语句，如图 3-6 所示。

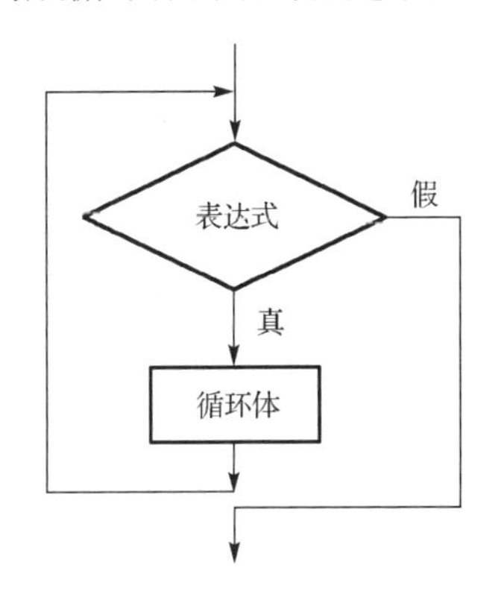

图 3-6　while 语句的执行过程

【例 3.10】 编写程序，求 1+2+3+…+100 的值。

分析： 如果直接选择顺序结构来求解这道题，那么编写的语句中将书写 100 个数字，因为计算机没有能力识别省略号的意义，所以这种方法虽然是正确的，但是显然是笨拙且不合理的。

回归到例题本身，从 1 开始一直加到 100，起始点是 1，结束点是 100，每进行一次加法，数字增加 1，可见有一个操作是反复进行的——加法。通过分析，可以找到循环体就是加法运算、循环条件就是数小于或等于 100。具体程序如下：

```
#include <stdio.h>
void main()
{
    int  i,sum;              //i 代表加数、sum 作为和，此时两个变量是随机值
    i=1;                     //为 i 赋初值 1
    sum=0;                   //为 sum 赋初值 0
    while(i<=100)            //循环结束条件为 i<=100
    {
        sum=sum+i;           //花括号中的两条语句构成循环体
        i++;
    }
    printf("sum=%d\n",sum);
}
```

运行结果：

```
sum=5050
```

分析：本例除循环条件 i<=100 很关键外，还有两点也非常重要：第一点，给变量 i 和 sum 赋初值，如果不赋初值，则题目的起始点不明确，系统就会选择在一个随机数的基础上进行后续计算；第二点，循环体中除了用于计算和的语句，还有一条至关重要的语句“i++;”，这条语句起改变循环变量值的作用。试想，如果去掉“i++;”这条语句，i 的值永远为初始值 1，永远满足循环条件 i<=100，那么程序将无休止地运算下去，成为死循环。

视频讲解（扫一扫）：例 3.10

3.4.2　do…while 语句

do…while 语句的格式如下：

```
do  循环体
while(表达式);
```

从格式上看，关键字 do 后面紧跟循环体，同样，当循环体由多条语句构成时，也需要加上花括号。关键字 while 后面紧跟一对圆括号，其中的表达式是循环控制条件，最后以分号结束。注意与 while 语句格式对比分号的位置。

从执行步骤上看，先无条件地执行循环体一次，然后计算表达式，当表达式的值为假（0）时，不再执行循环体，直接执行后面的语句；当表达式的值为真（非 0）时，再执行循环体，执行完毕再转去计算表达式，直到表达式的值为假（0），再执行后面的语句，如图 3-7 所示。值得注意的是，do…while 语句最初会无条件地执行一次循环体。

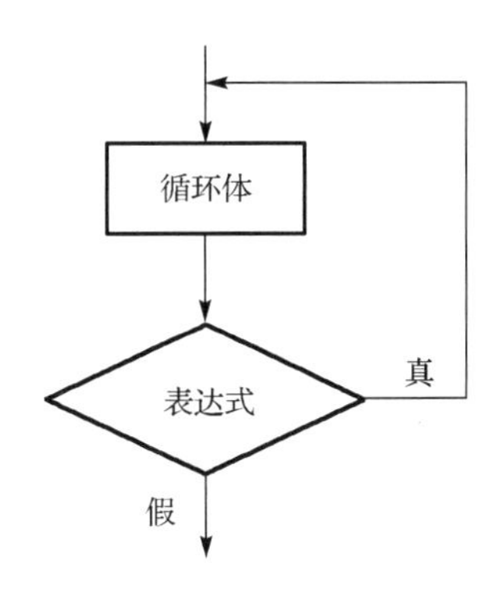

图 3-7　do…while 语句的执行过程

【例 3.11】用 do…while 语句求 1+2+3+…+100 的值。

```
#include<stdio.h>
void main()
{
    int  i,sum;
    i=1;                        //赋初值
    sum=0;                      //赋初值
    do{
        sum=sum+i;
        i++;
    } while(i<=100);
    printf("sum=%d\n",sum);
}
```

运行结果：

```
sum=5050
```

分析：从本例可以看出，用 do…while 语句实现该运算与用 while 语句实现该运算相比，唯一的区别就是执行循环体和判断表达式值的顺序不同，但是两种循环得到的结果是一样的。那么是否可以说二者是等价的呢？如果循环控制表达式一开始就为真，那么二者的执行结果是等价的；但如果循环控制表达式一开始为假，那么 while 语句中的循环体一次也不执行，而 do…while 语句中的循环体至少执行一次，此时二者就不再等价了。

例如，有以下语句：

```
int i=1; while(i>0){i--;}       //循环控制条件初始值为真，循环体共执行 1 次
int i=1; do{i--;}while(i>0);    //循环体共执行 1 次，与第 1 行语句等价
int i=0; while(i>0){i--;}       //循环控制条件初始值为假，循环体执行 0 次
int i=0; do{i--;}while(i>0);    //循环体共执行 1 次，与第 3 行语句不等价
```

3.4.3　for 语句

for 语句的格式如下：

```
for(表达式 1;表达式 2;表达式 3)
循环体
```

从格式上看，关键字 for 后面紧跟一对圆括号，其中是 3 个表达式，用 2 个分号分隔，

分号不可以省略，3 个表达式本身可以由多个表达式组成，用逗号分隔；随后是循环体，当循环体由多条语句构成时，也需要加上花括号。

从执行步骤上看，先计算表达式 1，然后判断表达式 2，若表达式 2 为真，则执行循环体 1 次；接着计算表达式 3，再判断表达式 2 的真假，直到表达式 2 为假，结束循环，执行循环体后面的语句。若表达式 2 的初始值为假，则不执行循环体，直接执行循环体后面的语句，如图 3-8 所示。

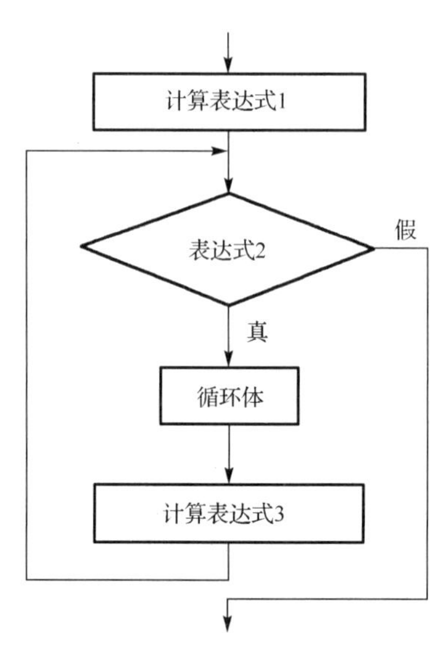

图 3-8 for 语句的执行过程

【例 3.12】用 for 语句求 1+2+3+…+100 的值。

```
#include<stdio.h>
void main()
{
    int  i,sum;
    for(i=1,sum=0;i<=100;i++)
        sum=sum+i;
    printf("sum=%d\n",sum);
}
```

运行结果：

```
sum=5050
```

分析：for 语句中的表达式 1 由两个表达式（i=1 和 sum=0）组成，之间用逗号分开，起循环变量初始化的作用；表达式 2 用于循环控制，如本例题中的表达式 i<=100；表达式 3 用于改变循环变量值，如本例题中的表达式 i++。

另外，for 语句中的 3 个表达式是可以省略的，但分号是不可以省略的。这里的省略是指 3 个表达式在程序中的位置可以变化，但相应的功能不可缺失。例如，对本例中的 for 语句进行以下变换：

（1）省略表达式 1：

```
i=1;sum=0;
```

```
    for( ;i<=100;i++)
          sum=sum+i;
```

（2）省略表达式 2：

```
    for(i=1,sum=0; ;i++)
      {if(i>100) break;
       sum=sum+i;}
```

（3）省略表达式 3：

```
    for(i=1,sum=0;i<=100;)
      {sum=sum+i;
       i++;}
```

（4）省略表达式 1 和表达式 3：

```
    i=1;sum=0;
    for( ;i<=100; )
      {sum=sum+i;
       i++;}
```

（5）省略所有表达式：

```
    i=1;sum=0;
    for( ; ; )
      { if(i>100) break;
       sum=sum+i;
       i++;}
```

以上列举了几种情况，目的只是告诉大家 for 语句中的表达式可以省略，做出相应变换，但并不提倡省略，在实际编程中应尽量使用 for 语句的经典格式。

视频讲解（扫一扫）：例 3.12

3.4.4　goto 语句

goto 语句的格式如下：

```
    goto   语句标号;
```

goto 语句的格式较简单：关键字 goto 加上语句标号，之间用空格分隔，最后以分号结束。语句标号可以是任意合法的标识符（遵循标识符命名规则），当在标识符后面加一个冒号，如“loop:”“step1:”时，该标识符就成了一个语句标号。

goto 语句的执行过程也较为简单，当程序执行 goto 语句时，程序会无条件地转移到语句标号标识的语句处，并从该语句继续执行。goto 语句看似简单，但存在风险，因为是无条件地进行转移，所以初学者要慎用。

【例 3.13】 用 goto 语句求 1+2+3+…+100 的值。

```
    #include<stdio.h>
    void main()
```

```
{
    int i=1,sum=0;
    loop: sum+=i;    //语句标号 loop:
        i++;
        if(i<=100)
        goto loop;  //若满足条件 i<=100，则执行 goto 语句
    printf("%d\n",sum);
}
```

运行结果：

```
5050
```

3.4.5 break 语句和 continue 语句在循环体中的应用

1．语句格式

break 语句和 continue 语句的格式如下：

```
break;
continue;
```

两种语句的格式类似，break 语句是由关键字 break 加上分号构成的；continue 语句是由关键字 continue 加上分号构成的。

2．在循环体中的应用

前面提到可以用 break 语句跳出 switch 语句体，程序继续执行 switch 语句体后面的程序。在循环结构中，也可以用 break 语句跳出本层循环体，以提前结束本层循环。

continue 语句也能跳出本层循环体，但它只是结束本次循环体的执行，转而继续判断循环控制条件是否为真，从而决定是否继续执行循环体。

下面通过例子来对比两种语句在循环体中的应用。

【例 3.14】分析如下程序段：

```
#include <stdio.h>
void main()
{
    int  i=0;                      //赋初值 0
    while(i<20)                    //while 语句，循环控制条件为 i<20
    {
        i++;
        if(i%5==0)break;           //当表达式 i%5==0 为真时，执行 break 语句
        printf("%d,",i);
    }
}
```

运行结果：

```
1,2,3,4,
```

分析：循环控制条件是 i<20，循环体中执行“i++;”语句后，判断 i%5（i 除 5 的余数）是否为 0，当 i 为 1、2、3、4 时，表达式 i%5==0 的结果为假，因此没有执行 break 语句，

顺利输出并显示在显示屏上；当 i 为 5 时，表达式 i%5==0 的结果为真，执行 break 语句结束整个循环体，不会执行本次循环的 printf 语句，而且 5 后面所有小于 20 的数字也都不再被执行。

【例 3.15】分析如下程序段：

```
#include <stdio.h>
void main()
{
    int  i=0;                    //赋初值 0
    while(i<20)                  //while 语句，循环控制条件为 i<20
    {
        i++;
        if(i%5==0)continue;  //当表达式 i%5==0 为真时，执行 continue 语句
        printf("%d,",i);
    }
}
```

运行结果：

```
1,2,3,4,6,7,8,9,11,12,13,14,16,17,18,19,
```

分析：上述程序与例 3.14 程序的区别只是将 break 语句换成了 continue 语句，结果却大相径庭。原因在于，当判断 i%5==0 表达式为真时，并没有像 break 语句那样结束整个循环，而只是结束本次循环中后面的语句。例如，当 i=5 时，表达式 i%5==0 的结果为真，执行 continue 语句，结束本次循环剩余的语句，即后面的 printf 语句不会执行，转而继续判断循环控制条件是否为真，此时 5<20，满足条件循环体继续执行，因此运行结果出现了后面的 6、7、8 等数字，直到不满足 i<20 这个条件时才结束整个循环。

3.4.6　循环的嵌套

循环的嵌套是指在一个循环体内包含另一个完整的循环语句。前面介绍的循环语句都可以自身与自身嵌套，也可以互相嵌套。循环的嵌套可以多层，但每层循环在逻辑上都必须完整。例如，下面几种形式的嵌套都是合法的：

```
while()
{ …
  while()
  { … }
  …
}
```

```
do{
   …
   do{
      …
     }while();
   …
}while();
```

```
for( ;; )
{  …
    for( ;; )
    {…}
}
```

```
for( ;; )
{  …
    while()
    {…}
    …
}
```

3.5 应用举例

【例 3.16】 输入任意 3 个数，并判断这 3 个数是否可以构成三角形，若能，则判断可以构成等腰三角形、等边三角形还是其他三角形。

分析：我们知道，三角形要求任意两边之和大于第三边，可以将此条件转换成语句，在满足此条件下，进一步细分出三边相等为等边三角形、任意两边相等为等腰三角形、其余为其他三角形。具体程序如下：

```
#include <stdio.h>
void main()
{
    float  a,b,c;                          //定义实型变量 a、b、c 分别代表 3 条边
    printf("Enter three sides of triangle:");   //提示语
    scanf("%f,%f,%f",&a,&b,&c);        //允许用户输入 3 条边的边长
    if((a+b)>c&&(a+c)>b&&(b+c)>a)//任意两边之和大于第三边，注意逻辑与&&的使用
    {
       if((a==b)&&(b==c))                   //注意是两个=
          printf("是等边三角形");
       else if((a==b)||(b==c)||(a==c))   //注意逻辑或||的使用
          printf("是等腰三角形");
       else
          printf("是其他三角形");
    }
    else   //与最外层的 if 配对
        printf("不能构成三角形");
}
```

运行结果：

```
Enter three sides of triangle: 1.5,2.5,3.5↙
是其他三角形
```

视频讲解（扫一扫）：例 3.16

【例 3.17】从键盘上输入一个整数，然后把这个整数的各位逆序输出。例如，输入 123456，输出 654321。

分析：所谓逆序输出，就是先输出整数的个位，再输出十位，依次类推。在本章讲述顺序结构语句中曾举例（例 3.2）通过除法和取余数操作分别获得一个三位整数的个位、十位和百位，与此题有相似之处。但此题并没有限定数的位数，那么该如何得到数的每一位呢？可以通过除 10 取余的方法获得任意整数的个位数字。例如，当 n=123456 时，123456%10=6（注意：取余数操作后 n 的值没有变化），然后计算 n=n/10，如 123456/10=12345，可以看到原来的六位数变成了五位数，依次类推。可以发现，“先 n%10 再 n/10”的操作是反复执行的，直到数 n 的最高位被得到。因此，可以利用循环结构实现，循环的结束控制条件是 n/10 的结果为 0，表明此时 n 已经是一个个位数了，也就意味着已经到了原来数的最高位了。具体程序如下：

```
#include <stdio.h>
void main()
{
    int n,d;
    printf("Enter an integer:");     //提示语
    scanf("%d",&n);                  //允许用户输入一个整数
    do{                              //do…while 循环语句
        d=n%10;                      //d 用来保存数 n 的个位，n 保持不变
        printf("%d",d);              //输出该位
        n/=10;                       //等价于 n=n/10
    }while(n!=0);                    //循环控制条件
    printf("\n");
}
```

运行结果：

```
Enter an integer:123456↙
654321
```

【例 3.18】编程输出如下图形（行数通过键盘输入）：

```
*
**
***
****
*****
```

分析：通过观察可以得出，每行中*的个数与行数相同，即第 1 行有 1 个*，第 2 行有 2 个*，依次类推。题目要求行数通过键盘输入，意味着行数由用户决定，那么在编程时必须提供允许用户输入行数的命令。每行显示完毕要转入下一行，因此每行显示结束后必须

有一个换行的行为，可以通过输出"\n"来实现。我们发现，此题不断重复着“输出若干的*，再输出回车”的操作，直到输出用户指定的行数。具体程序如下：

```
#include <stdio.h>
void main()
{
    int row,i,j;              //定义变量 row 代表行数
    printf("Enter an row:");//提示语
    scanf("%d",&row);         //允许用户指定行数
    for(i=1;i<=row;i++)       //for 语句的嵌套，外层控制输出指定的行数
    {
        for(j=1;j<=i;j++)     //循环嵌套内层控制输出与行数 i 相同个数的*
        {printf("*");}        //内层循环的循环体，只有一条语句可以省略花括号
            printf("\n");     //每行的最后要转入下一行，通过"\n"来实现
    }
}
```

运行结果：

```
Enter an row:3↙
*
**
***
```

【例 3.19】求 100～200 中的全部素数。

分析：素数是指只能被 1 和自身整除的数。对于一个数 m，可以让 m 被 2～(m−1)的整数除，如果 m 能被 2～(m−1)中的任意一个数整除，则数 m 不是素数；反之，则是素数。在此基础上还可以进一步优化，把除数的范围从 2～(m−1)缩小到 2～$\sqrt{m}$。题目要求找出 100～200 中的全部素数，因此要对这个区间中所有的数都进行判断，最终输出区间内全部的素数。具体程序如下：

```
#include <stdio.h>
#include <math.h>
void main()
{
    int m,i,k,num;                  //定义变量
    num=0;                          //num 为计数器，用来统计素数的个数，赋初值 0
    for(m=100;m<=200;m++)           //for 语句的嵌套
                                    //外层控制被判断数为 100～200
    {
        k=sqrt(m);
        for(i=2;i<=k;i++)           //循环嵌套内层判断数 m 是否为素数
        {if(m%i==0) break;}         /*内层循环循环体，当只有一条 if 语句时可以省略
                                    花括号。若能整除，则表示 m 不是素数，执行 break
                                    语句结束内层 for 循环，再转去执行外层循环的
                                    m++语句*/
         if(i>=k+1)                 //此条件若为真，则表明 m 是素数
         {printf("%d  ",m);
          num++;                    //输出素数，计数器 num 加 1
```

```
            if(num%7==0)printf("\n"); //每行显示 7 个素数
            }
        }
}
```

运行结果：

```
101  103  107  109  113  127  131
137  139  149  151  157  163  167
173  179  181  191  193  197  199
```

视频讲解（扫一扫）：例 3.18

视频讲解（扫一扫）：例 3.19

习　　题

3-1　阅读下列程序，当通过键盘输入 hello!后，程序运行结果是________。

```
#include <stdio.h>
void main()
{   char c;
    while((c=getchar())!='!') putchar(++c);
}
```

3-2　阅读下列程序，写出运行结果。

```
#include <stdio.h>
void main()
{   int i,j,k;
    for(i=0,j=10;i<=j;i++,j--)
        k=i+j;
    printf("i=%d\nj=%d\nk=%d",i,j,k);
}
```

3-3　阅读下列程序，写出运行结果。

```
#include <stdio.h>
void main()
{   int i,j;
    for(i=1,j=1;j<=30;j++)
    {   if(i>=10) break;
        if(i%2==1){i+=5;continue;}
        i-=3;
    }
    printf("i=%d,j=%d\n",i,j);
}
```

3-4　下列程序中的循环体分别执行了多少次？

（1）int k=0;while(k==0) k++;

（2）int k=0;while(k=0) k++;

（3）int k=-2;while(k) k++;

（4）int k=2;while(k) k++;

3-5　编程实现判断任意输入的年份是否是闰年。符合下列条件之一的是闰年：

（1）能被 4 整除，但不能被 100 整除

（2）能被 400 整除

3-6　有一函数：

$$y=\begin{cases} 2x+1 & x<1 \\ 1 & 1\leqslant x<10 \\ \sqrt{x} & x\geqslant 10 \end{cases}$$

编程实现输入 x，求出 y。

3-7　输入一行字符，分别统计其中的英文字母、空格、数字和其他字符的个数。

3-8　打印出所有“水仙花数”。水仙花数是指一个三位数的各个位数的立方之和等于该数本身。例如，153 是一个水仙花数，因为$153 = 1^3 + 5^3 + 3^3$。

3-9　编程打印输出如下图形：

```
    *
   * *
  * * *
 * * * *
* * * * *
```

本章知识点测验（扫一扫）

第4章　函　　数

前面提到C语言在设计程序时采用的是结构化程序设计的方式，就是将一个复杂的大问题分解成若干独立的小问题，分而治之。每个小问题可以通过编写各自对应的程序段来分别加以解决，且每个程序段都会用一个名字来加以区分，这种带有名字的程序段就是C语言所指的函数。

C语言编写的程序由一个主函数（main函数）和若干其他函数组成，并且主函数是程序运行的起始点。那么函数具体是如何定义的呢？主函数是运行的起始点，其他函数又该按照什么顺序执行呢？本章主要讲述函数的作用、定义方法、执行方法。

4.1　函数的概念

结构化程序设计使得在编写程序时，可以将其分解成各自独立的函数，便于程序的阅读和维护。这是因为，随着问题复杂度的加大，程序的代码规模必然增大，如果将语句简单罗列在一个主函数中，层次关系必然会非常复杂，程序的可读性和可维护性必然大大降低。

函数从使用的角度可以分成两类：库函数和自定义函数。

1．库函数

库函数是C系统提供的，无须程序员进行定义或说明。在编写程序时，只要在程序的开头加上相应的头文件就可直接使用。例如，在第2～3章的例题中使用的printf函数、scanf函数，只需在使用时加上相应的头文件#include <stdio.h>即可；sqrt函数（求开方），在使用时加上相应的头文件#include <math.h>即可。

2．自定义函数

自定义函数，顾名思义就是程序员在开发程序时，根据问题的具体需要，自行设计的具备一定功能的函数。

4.2 函数的定义

函数定义采用如下固定格式：

```
函数类型  函数名([形式参数列表])
{
    函数体
}
```

1. 定义格式

函数定义在格式上由两部分组成：函数头和函数体。函数头从左至右依次是函数类型、函数名、圆括号括起来的形式参数列表。函数体由一系列语句组成，无论有几条语句（即使没有语句），都需要用花括号括起来，不可省略。函数头和函数体紧密相连，两者之间不允许插入任何语句。

2. 函数类型

函数从函数类型上可以分成两类：无返回值的函数和有返回值的函数。下面举例说明。

【例 4.1】 无返回值的函数举例。

```
void f()
{ printf("hello world!");}
```

函数类型是 void ，关键字 void 表明此函数无返回值。

【例 4.2】 有返回值的函数举例。

```
int f(int a,int b)
{   float c;
    c=a+b;
    return c;   //利用 return 语句返回变量 c
}
```

例 4.2 中的函数类型是整型（int），表明函数将会利用 return 语句返回一个整型数据。需要说明的是，当返回变量的类型与函数类型不一致时，如本例中 c 的类型是单精度实型（float），而函数类型是整型（int），返回时系统会自动进行类型转换，以函数返回值的类型为最终结果，即将变量 c 的值转换成整型返回，变量 c 本身的类型不变。

根据实际需要，函数返回值可以是 float 型、double 型、char 型等，如果函数类型是默认的，则系统规定为 int 型，不要误以为默认就是无返回值 void 型。例如，下列程序与例 4.2 程序等价：

```
f (int a,int b)
{   float c;
    c=a+b;
    return c;
}
```

程序利用 return 返回相应的数据，返回到哪里呢？在后面讲述函数调用时会解答这一问题。

3．函数名

函数名是函数的标志，由程序员命名，命名规则符合标识符的命名规则。需要注意的是，不能与库函数重名，并最好能表达函数功能。

4．形式参数（简称形参）

形参代表函数的自变量，用一对圆括号括起来，若包含多个形参，其间必须用逗号隔开。根据形参的有无，函数分为无参函数和有参函数，如例 4.1 中的函数是一个无参函数，例 4.2 中的函数是一个有参函数。

5．函数体

函数体必须用花括号括起来，不可省略。函数体是实现函数功能的语句列表。

4.3 函 数 调 用

4.3.1 普通调用

在本章的开头我们提出了一个问题：对于一个包含多个函数的程序，主函数是程序执行的起始点，那么其他函数该按照什么顺序执行呢？程序是通过函数调用来决定各个函数的执行顺序的。下面通过例子来具体说明。

【例 4.3】求 3 个数中的最大数。

```
#include<stdio.h>
/*定义一个函数 MAX，形参为 3 个整型数 a、b、c，功能是求出 3 个整型数中的最大数*/
int MAX(int a,int b,int c)
{
    int max;
    if(a>b)
        max=a;
    else
        max=b;
    if(max<c)
        max=c;
    return(max);
}
void main()
{
    int x,y,z,m;
    printf("input three numbers: ");
    scanf("%d%d%d",&x,&y,&z);
```

```
    m=MAX(x,y,z);                              //函数调用
    printf("max=%d",m);
}
```

运行结果：

```
input three numbers:1 2 3↙
max=3
```

分析：程序中有两个函数：main 函数和 MAX 函数。程序从 main 函数开始执行，当执行 main 函数中的语句“m=MAX(x,y,z);”时（该语句是一条函数调用语句），系统会记录下当前的位置（称为调用点），并保护好此时各个变量的值（称为保护现场），然后转去执行 MAX 函数，函数调用语句中出现的变量 x、y、z（称为实参）分别传递给被调函数中的形参 a、b、c，执行完 MAX 函数后返回调用点，继续执行 main 函数剩下的语句。在这里，main 函数是调用的发起者，称为主调函数，而 MAX 函数是被调用的对象，称为被调函数。调用语句中出现的参数称为实参，被调函数中的参数称为形参。在函数定义时，系统是不给形参分配内存空间的，只有当函数调用发生时，实参传给形参，这时才给形参分配内存空间。通过本例清楚了函数之间是通过函数调用发生联系的，从而决定了各个函数的执行顺序。

在使用函数调用时，应注意两个问题：一是函数调用的格式；二是参数的传递。下面分别进行介绍。

1. 函数调用的格式

函数调用的格式取决于被调函数是否有返回值。对于无返回值（void）的被调函数，主调函数中只需书写被调函数的函数名即可。若被调函数有返回值，则在调用语句中还需要加上实参。

【例 4.4】当被调函数无返回值时，主调函数中的调用格式举例。

```
#include <stdio.h>
/*函数名为 f，两个形参 a 和 b，无返回值，功能是找到两个整数中的较大值并输出*/
void f(int a,int b )
    { int max;
      max=(a>b)?a:b;
printf("max=%d",max);
}

void main()
   {int a,b;
    printf("please input two numbers:");
    scanf("%d,%d",&a,&b);
    f(a,b);//函数调用语句，调用格式：被调函数的函数名+实参 a 和 b（允许与形参同名）
}
```

运行结果：

```
please input two numbers:4,5↙
max=5
```

对于有返回值的被调函数，主调函数中的调用格式是：定义一个与被调函数返回值类型相同的变量，采用“变量=被调函数名(实参)”的形式。

【例 4.5】当被调函数有返回值时，主调函数中的调用格式举例。

```
#include <stdio.h>
/*函数名为 f，两个形参 a 和 b，有返回值，功能是找到两个整数中的较大值并输出*/
int f(int a,int b )           //函数 f 有返回值
{   int max;
    max=(a>b)?a:b;
    return  max;              //通过 return 返回最大值 max
}
void main()
{   int a,b,max;
    printf("please input two numbers:");
    scanf("%d,%d",&a,&b);
    max=f(a,b);               //函数调用语句，调用格式：变量=被调函数名(实参)
    printf("max=%d",max);     //输出语句
}
```

运行结果：

```
please input two numbers:4,5↙
max=5
```

例 4.5 中的函数调用语句和输出语句也可以合并成一条语句，即改成以下程序也是正确的：

```
void main()
{   int a,b,max;
    printf("please input two numbers:");
    scanf("%d,%d",&a,&b);
    printf("max=%d",f(a,b));  //合并成一条语句
}
```

分析：例 4.4 和例 4.5 分别列出了两种函数调用的格式，通过对比可以发现，当被调函数是无返回值的函数时，输出语句（printf）往往出现在被调函数中；当被调函数是有返回值的函数时，被调函数中一定会有一条 return 语句，输出语句（printf）往往出现在主调函数中。

视频讲解（扫一扫）：例 4.5

2. 参数的传递

当被调函数是有参函数时，在调用函数语句中一定要书写相同个数的实参，当发生函数调用时，主调函数把实参的值传送给被调函数的形参，从而实现主调函数向被调函数的数据传递。

注意：若形参是普通变量，当发生函数调用时，实参传递值给形参，形参的任何变化都不会回传给实参。换言之，实参向形参传递的是值，且是单向传递。

【例 4.6】实参向形参单向传递值示例。

```
#include <stdio.h>
/*函数名为 fun，两个形参 x 和 y，无返回值，功能是将值扩大为原来的两倍*/
void fun(int x,int y )
{    x=x*2;
     y=y*2;
     printf("x=%d,y=%d\n",x,y);
}
void main()
{   int a,b;
    printf("please input two numbers:");
    scanf("%d,%d",&a,&b);
    fun(a,b);                    //函数调用语句，实参 a 和 b 将值分别传给形参 x 和 y
    printf("a=%d,b=%d\n",a,b);//输出结果
}
```

程序的运行结果：

```
please input two numbers:4,5↙
x=8,y=10
a=4,b=5
```

分析：程序的执行是从主函数开始的，允许用户通过键盘输入两个整数并赋给变量 a 和 b，当执行函数调用语句“fun(a,b);”时，转去执行被调函数 fun 函数，实参 a 和 b 的值分别传给了形参 x 和 y，变量 x 和 y 的值分别扩大了两倍。执行 printf 函数，输出结果“x=8, y=10”。执行完 fun 函数后返回主调函数的调用点继续执行后面的语句，即执行 printf 函数输出 a 和 b 的值，结果显示实参 a 和 b 的值仍然保持原值不变。

视频讲解（扫一扫）：例 4.6

【例 4.7】交换两个数的值。

```
#include <stdio.h>
/*函数名为 swap，两个形参 x 和 y，无返回值，功能是交换两个数的值*/
void swap(int x,int y )
{    int t;
     t=x; x=y;y=t;               //利用中间变量 t 交换变量 x 和 y 的值
     printf("x=%d,y=%d\n",x,y);
}
void main()
{int a,b;
    printf("please input two numbers:");
```

```
        scanf("%d,%d",&a,&b);
        swap(a,b);                //函数调用语句，实参 a 和 b 将值分别传给形参 x 和 y
        printf("a=%d,b=%d\n",a,b);//输出结果
    }
```

程序的运行结果：

```
    please input two numbers:4,5↙
    x=5,y=4
    a=4,b=5
```

分析：程序的执行是从主函数开始的，允许用户通过键盘输入两个整数并赋给变量 a 和 b，当执行函数调用语句“swap(a,b);”时，转去执行被调函数 swap 函数，实参 a 和 b 的值分别传给了形参 x 和 y，变量 x 和 y 的值利用中间变量 t 实现了值的交换，然后执行 printf 函数，输出结果“x=5,y=4”。执行完 swap 函数后返回主调函数的调用点继续执行后面的语句，即执行 printf 函数输出 a 和 b 的值，结果显示实参 a 和 b 的值，仍然保持原值不变。

视频讲解（扫一扫）：例 4.7

上述两道例题形象地告诉我们，在函数调用时，形参的类型决定了实参传递过去的内容和传递方式。在例 4.7 中，当形参是普通变量时，实参的类型也是普通变量，并且将实参的值单向地传递给形参，形参发生任何变化（如改变值的大小、交换值的大小等）都不会影响实参。那么，会不会有形参的变化可以影响实参的这种情况发生呢？答案是肯定的。在这种情况下，形参的类型就不单单是普通变量了，这在第 7 章会讲到。

4.3.2　嵌套调用

函数是由函数头和函数体构成的，各个函数均是独立的，一个函数内不能包含另一个函数，即函数是不可以嵌套定义的。但是，调用函数是可以嵌套调用的。也就是说，在调用一个函数的过程中可以调用另一个函数。图 4-1 是两层嵌套函数的执行流程，整个程序从 main 函数开始执行（步骤①），过程中调用 A 函数，此时转去（步骤②）执行 A 函数（步骤③），过程中调用 B 函数，此时转去（步骤④）执行 B 函数（步骤⑤），执行完 B 函数后，返回（步骤⑥）临近的调用点，继续执行 A 函数中其余程序（步骤⑦），执行完 A 函数后，返回（步骤⑧）上一层调用点，继续执行主函数中其余程序（步骤⑨），直至结束。依次类推，不管嵌套多少层，函数调用的执行方式是不变的。

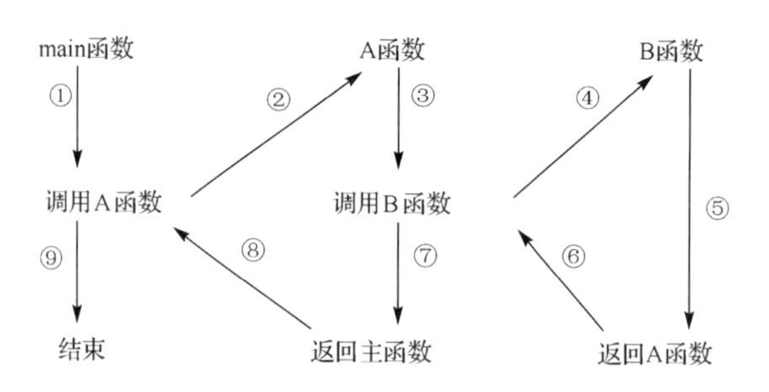

图 4-1 两层嵌套函数的执行流程

【例 4.8】函数嵌套调用的运用。

```
#include<stdio.h>
fun2(int a,int b)                        //定义函数 fun2，函数有返回值，默认为整型
{
    int c;
    c=a*b%5;
    return c;
}
fun1(int a,int b)                        //定义函数 fun1，函数有返回值，默认为整型
{
    int c;
    a*=a;b*=b;
    c=fun2(a,b);                         //在函数 fun1 中嵌套调用函数 fun2
    return (c*c);
}
void main()
{
    int x=1,y=2;
    printf("%d\n",fun1(x,y));           //调用函数 fun1，并将结果输出
}
```

运行结果：

```
16
```

分析：从主函数开始，调用函数 fun1，实参 x 和 y 传给函数 fun1 的形参 a 和 b，执行函数 fun1：a=a*a=1，b=b*b=4。嵌套调用函数 fun2，转去执行函数 fun2，将此处的 a 和 b（1 和 4）传递给函数 fun2 中的 a 和 b，计算得出 c=1×4%5=4，将 c 返回给函数 fun1 中的 c，函数 fun1 将 c*c，即 4*4=16 返回给主函数，最终输出结果。

4.3.3 递归调用

所谓递归调用，就是在调用函数的过程中又调用了该函数本身。递归调用如果不加约束限制，就将无休止地执行下去，这显然是不正确的。因此，在递归调用中，往往带有条件判断，以限制调用的执行次数。下面通过例题来认识一下递归调用的方式。

【例 4.9】利用递归调用求解 *n*!。

算法分析：*n*!的计算可以分成以下两种情况：

$$\begin{cases} n!=1 & n=0, 1 \\ n!=n(n-1)! & n>1 \end{cases}$$

程序如下：

```
#include <stdio.h>
long fun(int n)
{   long f;
    if(n<0) printf("input error!");
    else if(n==0||n==1) f=1;
    else f=n*fun(n-1);                    //递归调用
    return  f;
}
void main()
{   int n;
    long f;
    printf("input  a  integer  number:");
    scanf("%d",&n);
    f=fun(n);                             //函数调用
    printf("%d!=%ld",n,f);
}
```

运行结果：

```
input  a  integer  number:5↙
5!=120
```

分析：函数 fun 采用了递归调用的方法，在 n>1 的情况下，会继续调用自身执行下去，直到 n=1。若 n 的初始值是 0 或 1，则函数会直接将 1 赋给变量 f，最后把 f 的值返回给主调函数。以 n=5 为例，执行的顺序是：5!=fun(5)=5*fun(4)，fun(4)=4*fun(3)，fun(3)=3*fun(2)，fun(2)=2*fun(1)，fun(1)=1；然后程序会自动逐步返回上一层的调用点，最终得到 5!=120。

【例 4.10】输入一个正整数序列，要求以相反的顺序输出该序列。用递归方法实现。

算法分析：在讲述循环结构时曾经介绍，可以利用“%10”得到数的个位，利用“/10”使数缩小为原值的 1/10；再用“%10”得到新的个位，继续“/10”，直到变为个位数。现在要求用递归方法实现，这就意味着必须采用递归调用的方法书写一个子函数来实现逆序输出的功能，然后用主函数调用它。

程序如下：

```
#include<stdio.h>
void fun(int n)                  //定义函数 fun，形参是一个整型变量 n
{
   if(0<=n&&n<=9)                //若 n 为一位整数
     printf("%d",n);             //则直接输出整数 n
   else                          //否则
    {
     printf("%d",n%10);          //输出 n 的个位数字
     fun(n/10); //数 n 缩小为原值的 1/10，并以此作为新的数再次调用 fun 函数
    }
}
```

```
void main()
{
    int num;
    printf("enter number:");
    scanf("%d",&num);
    fun(num);                   //调用函数 fun
    printf("\n");
}
```

运行结果：

```
enter number:45678↙
87654
```

递归调用这种方法简洁明了，但在选取限制调用执行次数的条件上，对于初学者是有一定难度的，只有多看多练才能熟练掌握。

4.4 函数声明

我们都知道程序执行的起始点是主函数，但计算机编译程序，即读入程序代码的顺序为从上至下、从左至右。变量在程序中必须先定义后引用，函数也是一样的。在同一个源程序文件中，被调函数的定义如果出现在主调函数的后面，则在主调函数中必须在调用之前对被调函数进行声明，否则系统会认为被调函数没有定义就使用了。

对于库函数，由于它们是 C 编译系统提供的预定义函数，它们的原型被定义在扩展名为.h 的头文件中，与主调函数不在同一个源程序文件中，因此在程序的开始位置只需用 include 命令包含对应的头文件，就相当于对库函数进行函数声明了，无须在主调函数中对库函数再进行声明。

对于自定义函数，与库函数不同，函数声明的格式有其固定的格式，即需要声明函数的函数头+分号。

【例 4.11】在主调函数中声明被调函数示例。

```
#include<stdio.h>
void main()
{
  float add(float x,float y);//在主调函数中声明被调函数，格式：函数头+分号
  float a,b,c;
  scanf("%f,%f",&a,&b);
  c=add(a,b);                   //函数调用
  printf("add is %f",c);
}
/*自定义函数，函数名为 add，形参为 2 个实型变量，函数返回值类型为 float*/
float add(float x,float y)  //函数头
{
  float z;
```

```
  z=x+y;
  return(z);
}
```

运行结果：

```
2.3,5.6↙
add is 7.900000
```

分析：计算机从上至下读入程序，被调函数 add 在主调函数 main 之后定义，因此在主调函数 main 中，在调用前对 add 函数进行了声明。声明的格式就是：函数头+分号。

在以下 3 种情况下，在主调函数中无须再对被调函数进行声明。

（1）当被调函数的返回值类型是整型（int）时，无须进行函数声明。例如，把例 4.11 修改为如下形式：

```
#include<stdio.h>
void main()       //被调函数返回值类型为整型（int），无须在主调函数中声明被调函数
{
  int a,b,c;
  scanf("%d,%d",&a,&b);
  c=add(a,b);         //函数调用
  printf("add is %d",c);
}

int add(int x,int y)
{
  int z;
  z=x+y;
  return(z);
}
```

（2）当被调函数的定义出现在主调函数之前时，无须进行函数声明。例如，把例 4.11 修改为如下形式：

```
#include<stdio.h>
float add(float x,float y)  //被调函数定义在主调函数之前
{
  float z;
  z=x+y;
  return(z);
}
void main()                    //被调函数的定义在主调函数之前
                               //因此在主调函数中无须声明被调函数
{ float a,b,c;
  scanf("%f,%f",&a,&b);
  c=add(a,b);                  //函数调用
  printf("add is %f",c);
}
```

（3）如果已在所有函数定义之前，在函数的外部进行了函数声明，则在各个主调函数中无须对定义的函数再进行声明。例如，把例 4.11 修改为如下形式：

```
#include<stdio.h>
float add(float x,float y); //在所有函数定义之前声明被调函数
void main()                 //在主调函数中无须再次声明被调函数
{
  float a,b,c;
  scanf("%f,%f",&a,&b);
  c=add(a,b);  //函数调用
  printf("add is %f",c);
}
/*自定义函数，函数名为 add，形参为两个实型变量，函数返回值类型为 float*/
float add(float x,float y)
{
  float z;
  z=x+y;
  return(z);
}
```

4.5 变量的作用域

通过前面的学习，知道了变量在程序中必须先定义后引用。变量定义后，系统就会确定可以引用该变量的有效范围，即变量的作用域。每个变量都有它的作用域，根据变量作用域的不同，可以将变量划分为两类：局部变量和全局变量。

4.5.1 局部变量

局部变量就是在某个局部存在、有效的变量，也称内部变量。例如，在一个函数内部定义的变量与在复合语句中定义的变量都是局部变量，它们只在所属函数范围内或所属复合语句内有效。需要特别说明的是，主函数（main 函数）虽然是程序的起始点，但主函数中定义的变量也只在主函数中有效，主函数也不能使用其他函数中定义的变量。

不同函数在定义变量时可以使用相同的变量名，它们代表不同的变量，互不干扰，虽然同名但作用域不同，下面举例说明。

【例 4.12】同名局部变量使用示例。

```
#include <stdio.h>
void main()
{   int a=2,b=4,c;               //变量 a、b、c 都是局部变量
                                 //作用域是整个 main 函数
    c=a*b;
    {   int c=5;                 //在复合语句中重新定义变量 c
                                 //作用域是复合语句（在一对花括号内有效）
        printf("c=%d\n",c);      //属于复合语句的范围
                                 //此处的变量 c 指复合语句中新定义的变量 c
    }
    printf("c=%d\n",c);          //超出复合语句的范围
```

```
                                //此处的变量 c 指 main 函数中定义的 c
    }
```

运行结果：

```
c=5
c=8
```

分析：本例体现了变量作用域的作用。在 main 函数内出现了用花括号括起来的复合语句，并在复合语句中重新定义了同名的变量 c，并赋初值 5。在复合语句的范围内，新定义的变量 c 把 main 函数定义的变量 c 屏蔽了，因此第 1 条输出语句的执行结果输出的是新定义变量 c 的值。但超出了复合语句的范围后，新定义的 c 失效，因此第 2 条输出语句的执行结果输出的是原来定义的变量c。需要注意的是，造成这一结果的原因不是复合语句的出现，而是在复合语句中新定义了变量。本例中如果没有语句“int c=5;”，那么两条输出语句的执行结果是相同的。

【例 4.13】局部变量作用范围的运用。

```
#include <stdio.h>
void main()
{
    int a,b;
    scanf("%d%d",&a,&b);
    if(a<b)
    {
        int t;                          //定义变量 t，其作用域仅在 if 语句中有效
        t=a;
        a=b;
        b=t;
    }
⇨  printf("a=%d,b=%d,t=%d\n",a,b,t);//箭头表示系统提示语句有错误
}
```

在程序开发平台上，程序在进行编译时，系统提示箭头所指的语句存在错误，错误信息如下：

```
error C2065: 't' : undeclared identifier
```

分析：错误的含义是提示 printf 语句中的变量 t 没有定义。程序中变量 t 并不是在主函数的一开始就定义的，而是在 if 语句中定义的，因此 t 仅在 if 语句中有效，而 printf 语句已经超出了 if 语句的范围，再输出 t 的值，系统会报错。修改的方法就是把变量 t 的定义放在 main 函数一开始的位置。

4.5.2　全局变量

在函数外定义的变量称为全局变量，又叫外部变量。它的作用域是从定义变量位置的开始到程序文件结束。

【例 4.14】全局变量作用域示例。

```
#include<stdio.h>
int x,y;                                //全局变量 x、y
```

```
                                         //作用域：从此行开始到程序最后
void fun1()
{   x=1;y=2;
    printf("fun1:x=%d,y=%d\n",x,y);
}

float a,b;                               //全局变量 a、b
                                         //作用域：从此行开始到程序最后
void fun2()
{   a=3.5;b=4.6;
    printf("fun2:a=%f,b=%f\n",a,b);
    printf("fun2:x=%d,y=%d\n",x,y); //变量 x 和 y 可以直接使用
}
void main()
{   fun1();                              //调用 fun1 函数
    fun2();                              //调用 fun2 函数
    printf("main:a=%f,b=%f\n",a,b); //变量 a 和 b 可以直接使用
    printf("main:x=%d,y=%d\n",x,y); //变量 x 和 y 可以直接使用
}
```

运行结果：

```
fun1:x=1,y=2
fun2:a=3.500000,b=4.600000
fun2:x=1,y=2
main:a=3.500000,b=4.600000
main:x=1,y=2
```

分析：程序中一共有 3 个函数：main 函数、fun1 函数和 fun2 函数。在所有函数的外部，分两次定义了 4 个全局变量。变量的作用域都是从定义行开始到程序最后。显然变量 x 和 y 的作用域大于变量 a 和 b 的作用域。从运行结果可以看出，只要在变量的作用域内，函数就可以直接使用全局变量。

本例中的函数 fun1 并不在变量 a 和 b 的作用域内，如果函数 fun1 也要使用 a 和 b，那么该如何解决呢？下面的例 4.15 给出了解决方法。

【例 4.15】 利用关键字 extern 扩大全局变量作用域示例。

```
#include<stdio.h>
int x,y;                                     //全局变量 x、y
extern float a,b;                            //利用关键字 extern 声明变量 a 和 b
                                             //扩大它们的作用域
void fun1()
{   x=1;y=2;
    a=3.5;b=4.6;
    printf("fun1:a=%f,b=%f\n",a,b);
    printf("fun1:x=%d,y=%d\n",x,y);
}

float a,b;                                   //全局变量 a、b
```

```
void fun2()
{   printf("fun2:a=%f,b=%f\n",a,b);
    printf("fun2:x=%d,y=%d\n",x,y);        //变量 x 和 y 可以直接使用
}
void main()
{   fun1();                                //调用 fun1 函数
    fun2();                                //调用 fun2 函数
    printf("main:a=%f,b=%f\n",a,b);        //变量 a 和 b 可以直接使用
    printf("main:x=%d,y=%d\n",x,y);        //变量 x 和 y 可以直接使用
}
```

运行结果：

```
fun1:a=3.500000,b=4.600000
fun1:x=1,y=2
fun2:a=3.500000,b=4.600000
fun2:x=1,y=2
main:a=3.500000,b=4.600000
main:x=1,y=2
```

分析：利用关键字 extern 对全局变量进行声明，可以扩大变量的作用域。在使用 extern 时，应注意以下两点：第一，对于超出变量作用域的函数要使用该变量，需要在使用前利用 extern 声明变量，如本例是在 fun1 函数之前声明变量 a 和 b 的；第二，声明的格式是“extern 变量类型 变量名;”，如本例中的“extern float a,b ;”。

如果在全局变量的作用域内，在某个函数中重新定义了与全局变量同名的局部变量，那么将会出现什么结果呢？下面的例 4.16 给出了答案。

【例 4.16】局部变量与全局变量同名情况示例。

```
#include<stdio.h>
int x=1,y=2; //定义全局变量 x、y
void fun1()
{   printf("fun1:x=%d,y=%d\n",x,y);
}
void main()
{   int x=3,y=4;            //新定义局部变量 x、y
    fun1();                 //调用 fun1 函数
    printf("main:x=%d,y=%d\n",x,y);
}
```

运行结果：

```
fun1:x=1,y=2
main:x=3,y=4
```

分析：在 main 函数中新定义了与全局变量同名的局部变量 x 和 y，并赋值，它们的作用域仅限于 main 函数。当执行 fun1 函数时，输出的仍是全局变量的值。通过本例可以得出，当局部变量与全局变量同名时，在局部变量的作用域内，局部变量会把全局变量屏蔽掉；在局部变量的作用域外，仍是全局变量起作用。

4.6 变量的存储类型

计算机内存提供给程序使用的存储空间分为 3 部分，分别是程序区、静态存储区和动态存储区。其中，程序区中存放的是可执行的程序的机器指令；静态存储区中存放的是需要占用固定存储单元的变量；动态存储区中存放的是无须占用固定存储单元的变量。

变量的定义包含以下 3 方面的内容。

（1）变量的数据类型，如 int、char、float 和 double 等。

（2）变量的作用域。它由变量的定义位置来决定，如局部变量和全局变量。

（3）变量的存储类型，即变量在内存中的存储方法。不同的存储方法将影响变量在内存中的生存期。

因此，变量的一般定义形式为：

```
存储类型 数据类型 变量名;
```

C/C++语言支持 4 种变量存储类型，由 4 个关键字来声明，分别是 auto、register、static 和 extern。

1. auto 类型

auto 类型也称自动存储类型，在定义变量时，如果没有指定其存储类型，那么系统将其默认为自动存储类型变量，简称自动变量。它的一般定义形式为：

```
auto  数据类型  变量名
```

例如：

```
auto int a;
```

等价于下面的定义：

```
int a;//auto 通常省略
```

自动变量也有相应的作用域，在作用域内，它的值是存在的；在作用域外，它的值就会消失，不会被记忆保存。因此，在不同的函数中定义的自动变量可以同名，各自的数据类型可以相同也可以不同，彼此互不干扰，甚至可以分配在同一内存存储单元中。需要说明的是，在函数定义和函数声明中，形参的定义中不允许出现关键字 auto。

2. register 类型

用关键字 register 定义的变量称为寄存器变量，只能出现在函数内部。当某变量被定义为 register 变量时，其值会存放在寄存器中（寄存器可以认为是一种高速的存储器），这样寄存器变量的存储速度就会很快，因此寄存器变量通常用来存放循环变量，以提高程序执行速度。但实际上，可用寄存器的个数受计算机硬件特性的限制，因此不能定义任意多个寄存器变量。

定义寄存器变量的一般形式为：

```
register 数据类型  变量名;
```

例如：

```
register int b;
```

3. static 类型

用关键字 static 定义的变量称为静态变量。静态变量具有记忆功能，因此，如果想在函数调用结束后仍然保留函数中定义的局部变量的值，则可以将该局部变量定义为静态变量（或称局部静态变量）。在定义局部静态变量时，应该在定义变量的类型说明符前加 static 关键字。它的一般定义形式为：

```
static 数据类型  变量名
```

例如：

```
static float b; //定义 b 为静态实型变量
```

静态变量分为内部静态变量和外部静态变量。在函数内部定义的静态变量是内部静态变量，在函数外部定义的静态变量是外部静态变量。例如：

```
static int a;           //外部静态整型变量 a
fun()
{   static float b;     //内部静态实型变量 b
    …
}
```

外部静态变量的作用域仅限于定义它的那个文件，只要程序执行，它的值就会被保留。因此，当程序中的其他文件定义了同名的静态外部变量时，虽然同名，但作用域不同，计算机系统给它们分配的内存单元也不相同。

【例 4.17】静态变量应用举例。

```
#include<stdio.h>
int fun(int a)
{
    static int c=2;
    a+=c++;
    return a;
}
void main()
{
    int a=2,i,k;
    for(i=0;i<2;i++)
        k=fun(a);
    printf("%d\n",k);
}
```

运行结果：

```
5
```

分析：函数 fun 中的变量 c 是静态变量，具有记忆功能。当第一次调用该函数时，执行“static int c=2;”；在以后调用时会忽略该定义语句，而采用上次调用 c 后保留的值。主函数中的 for 循环语句执行两次调用 fun 函数，第一次调用后 c=3，fun 函数中 a=4，并返回给变量 k。fun 函数和 main 函数中都有变量 a，但作用域不相同，因此在第二次调用时，实参 a 仍然是 2，执行 fun 函数中的“a+=c++;”语句，此时 c 采用上次调用后保留的值 3，因此形参 a=5，并传递给了变量 k，最后输出 k 的值为 5。

4．extern 类型

用关键字 extern 定义的变量称为外部变量。在讲述全局变量时，extern 可以扩大全局变量的作用域，当时指的是在一个源文件当中。一个大型的程序可由多个源文件组成，这些文件经过编译、链接，最终形成一个可执行文件。如果其中一个文件要引用另外一个文件中定义的外部变量，就应该在需要引用此变量的文件中用 extern 关键字把此变量声明为外部变量。这种声明应该在文件的开头且位于所有函数的外面。

声明外部变量的一般形式为：

```
extern 数据类型  变量名;
```

例如：

```
extern char c;  //表明字符变量 c 是在本文件外的其他文件中定义的外部变量
```

任何在函数定义之外定义的变量都是外部变量，此时通常省略关键字 extern。外部变量的作用域是整个程序，即全局有效，类似全局变量。外部变量的值是永久保留的，且存放在静态存储区中。

【例 4.18】不同文件中外部变量声明示例：有两个文件 a.c 和 b.c，在 a.c 中定义了全局变量 n，在 b.c 中想使用此变量，需要对该变量进行声明。

a.c 文件：

```
#include<stdio.h>
#include<b.c>            //在 a.c 文件中把 b.c 文件包含进来
int n;                   //在 a.c 文件中定义全局变量
void main()
{
    n=1;
    fun();               //调用 b.c 文件中的 fun 函数
    printf("main: n=%d\n",n);
}
```

b.c 文件：

```
extern int n;                        //在 b.c 文件的开头声明 a.c 文件中的变量 n
void fun()
{   printf("fun: n=%d\n",n);         //声明后可以直接使用 a.c 文件中的变量 n
    n++;
}
```

a.c 文件的运行结果：

```
fun: n=1
main: n=2
```

习　　题

4-1　以下描述正确的是（　　）。

A．函数的定义可以嵌套，调用不可以嵌套

B．函数的定义不可以嵌套，调用可以嵌套

C．函数的定义、调用都可以嵌套

D．函数的定义、调用都不可以嵌套

4-2　以下描述正确的是（　　）。

A．调用函数时，若形参是普通变量，则实参的值可以传给形参，形参的值不能传给实参

B．函数既不可以嵌套调用，也不可以递归调用

C．函数必须有返回值

D．程序中有调用关系的所有函数必须放在同一个源程序文件中

4-3　在 C/C++语言中，变量隐含的存储类别是（　　）。

A．auto　　B．static　　C．extern　　D．int

4-4　下面函数的类型是（　　）。

```
f(int x)
{int a;
 a=2*x;
 return a;}
```

A．float 型　　B．int 型　　C．void 型　　D．都不是

4-5　以下程序的运行结果是________。

```
#include <stdio.h>
char fun(char x,char y)
{
    if(x<y)  return y;
    else   return x;
}
void main()
{
    int a='9',b='8',c='6';
    printf("%c\n",fun(fun(a,b),fun(b,c)));
}
```

4-6　以下程序的运行结果是________。

```
#include <stdio.h>
void  f(int x,int y)
{
    int t;
    if(x<y)
        {t=x;x=y;y=t;}
}
void main()
{
    int a=2,b=3,c=5;
    f(a,b);f(a,c);f(b,c);
    printf("a=%d,b=%d,c=%d\n",a,b,c);
}
```

4-7　以下程序的运行结果是________。

```
#include<stdio.h>
void fun()
{ extern int x,y;
  int  a=8,b=6;
  x+=a+b;
  y-=a-b;
}
int x=4,y=5;
void main()
{ int a=1,b=2;
  x+=a+b;
  y-=a-b;
  fun();
  printf("x=%d,y=%d\n",x,y);
}
```

4-8　以下程序的运行结果是________。

```
#include<stdio.h>
void main()
{
    int a=2,i;
    for(i=0;i<3;i++)
    printf("%4d",fun(a));
}
fun(int a)
{
    int b=1;
    static int c=2;
    b++;c++;
    return(a+b+c);
}
```

4-9　以下程序运行结果是________。

```
#include<stdio.h>
int fun(int n)
{
     if (n==0) return 1;
     return fun(n-1)*n;
}
void main()
{
     int c=3;
     printf("%d",fun(c));
}
```

4-10　写一个判断素数的函数，在主函数中输入一个整数，判断它是否为素数。

4-11　写一个函数，计算 s=1+1/2!+1/3!+…+1/n!，其中 n 的值由用户指定。

4-12　写两个函数，分别求两个整数的最大公约数和最小公倍数，在主函数中输入两个整数，并调用这两个函数。

本章知识点测验（扫一扫）

第5章　编译预处理

在第1章中讲述过，程序运行的过程是先编译，再链接，最后执行。所谓编译预处理，是指在编译之前进行的处理工作。在对一个源文件进行编译时，如果源文件中有预处理指令，则系统将自动引用预处理程序对源文件中的预处理部分进行处理，然后对源文件进行编译；如果源文件中没有预处理指令，则直接进行编译。

编译预处理命令不属于C语言的语法范畴，每条编译预处理命令都单独占一行，均以“#”开头，而且末尾不加分号。预处理命令可以出现在程序中的任何位置，通常位于源程序的开头。编译预处理命令主要包含3种：文件包含、宏定义和条件编译。本章介绍如何使用编译预处理命令。

5.1　文件包含

文件包含命令的作用是：在一个文件中，可以将另外一个文件的全部内容包含进来。文件包含命令的一般格式为：

```
#include <文件名>
```

或

```
#include "文件名"
```

其中，文件名是指要包含进来的文件的名称。两种格式的区别在于找寻被包含文件的范围不同。使用尖括号（< >），表示直接到指定的标准包含文件目录（用户在设置环境时设置的）中去寻找文件，而不在源文件所在目录中寻找；使用双引号（" "），表示先在当前源文件所在目录中寻找，如果找不到，就到标准包含文件目录中寻找。可见，使用双引号的搜索范围更大，但使用尖括号搜索时间短，效率相对较高。如果被包含的文件不在当前源文件所在目录中，也不在标准包含文件目录中，就不能单单只写文件名了，还要在文件前加上路径，如#include "d:\\test\test.h"。

说明：

（1）一条文件包含命令只能包含一个文件。例如，有一个源程序文件 file1.c，其源程序如下：

```
#include <stdio.h>  //文件包含命令，把文件 stdio.h 包含到本文件中
#include <math.h>   //文件包含命令，把文件 math.h 包含到本文件中
void  main()
{
```

```
    float  x,y;
    scanf("%f",&x);
    if(x>=0)
        y=sqrt(x);   //数学函数 sqrt 用来求开方
    else
        y=sqrt(-x);
    printf("x=%f,y=%f\n",x,y);
}
```

程序开头使用了两条文件包含命令，把两个系统库函数头文件 stdio.h 和 math.h 都包含到了文件 file1.c 中，这样无须对库函数（printf 函数和 sqrt 函数）进行声明和定义，可以直接使用。

（2）文件包含命令不仅可以包含头文件，还可以包含源文件。例如，文件 file1.c 文件中的内容如下：

```
int a,b,c;
float m,n,p;
```

file2.c 文件的内容如下：

```
#include"file1.c"
void main()
{…}
```

则在对 file2.c 文件进行编译处理时，将对其中的#include 命令进行文件包含预处理，将 file1.c 文件中的全部内容插入 file2.c 文件中的“#include"file1.c"”预处理语句处，经过编译预处理后，file2.c 文件的内容为：

```
int a,b,c;
float m,n,p;
void main()
{…}
```

（3）文件包含可以嵌套使用，即在被包含的文件中还可以使用#include 语句包含其他文件。

5.2 宏　定　义

宏定义命令可以分为两种形式：一种是不带参数的宏定义，简称无参宏；另一种是带参数的宏定义，简称带参宏。

5.2.1 无参宏

无参宏的定义格式为：

```
#define 符号常量名 字符串
```

其中，符号常量名为宏名，习惯上用大写字母表示，与其对应的字符串之间用空格符隔开。在程序中，凡是遇到符号常量名的地方，经过编译预处理后，都被替换为与其对应的字符串。宏名的有效范围为从定义命令开始到本源文件结束，但可利用#undef 命令来终止宏定义的作用域。

【例 5.1】无参宏使用举例。

```
#define PI 3.14
#include <stdio.h>
void fun1()
{
    double s,d,r;
    r=5.0;           //设定半径为 5.0
    s=PI*r*r;        //计算面积，此处的 PI 被 3.14 替换
    printf("面积：%lf\n",s);
    d=2*PI*r;        //计算周长，此处的 PI 被 3.14 替换
    printf("周长：%lf\n",d);
}
#undef PI               //终止了 PI 的作用域，PI 的有效范围到此为止
                        //在 main 函数中不起作用
void main()
{ fun1();
⇨ printf("PI 的值：%lf\n",PI);
}
```

在程序开发平台上，当程序进行编译时，系统提示箭头所指的语句存在错误，错误信息如下：

```
error C2065: 'PI' : undeclared identifier
```

分析：错误的含义是提示 printf 语句中的变量 PI 没有定义。这是因为#undef 命令终止了宏定义 PI 的作用域范围。大家可以尝试在程序中去掉此命令，然后运行程序并观察结果。

视频讲解（扫一扫）：例 5.1

说明：

（1）预处理程序对符号常量的处理只是进行简单的替换工作，不进行语法检查，如果程序中使用的预处理语句有错误，则只能在真正的编译阶段检查出来。

（2）对于程序中出现的由双引号引起来的字符串，即使它和符号常量名相同，也不进行宏替换。

【例 5.2】无参宏出现在双引号中的情况示例。

```
#define PI 3.141592
#include <stdio.h>
void main()
{
    printf("%f\n", PI);
    printf("PI\n");
```

```
}
```

运行结果：

```
3.141592
PI
```

分析：结果显示第一条 printf 语句成功输出了符号常量 PI 的值；第二条 printf 语句并没有输出 PI 的值，而是输出了字符串 PI，原因是 PI 出现在双引号中，系统会将其作为字符串直接输出。

视频讲解（扫一扫）：例 5.2

（3）宏定义允许嵌套。例如：

```
#define PI 3.14
#define  D  2*PI
```

（4）在利用宏定义替换表达式时，要注意圆括号的重要性。

【例 5.3】无参宏替换表达式示例。

```
#define M  10*(a+b)  //宏定义M替换表达式
#include <stdio.h>
void main()
{
    int a,b,s;
    printf("input a,b:\n");
    scanf("a=%d,b=%d",&a,&b);
    s=M;
    printf("s=%d",s);
}
```

运行结果：

```
input a,b:
a=1,b=2 ↙
s=30
```

分析：程序中使用宏定义 M 替换了表达式 10*(a+b)，语句“s=M;”经过宏替换等价于“s=10*(a+b)”。对本例进行修改（见例 5.4），结果就会有所不同，大家思考一下为什么。

【例 5.4】无参宏使用不当示例。

```
#define M  a+b  //宏定义M替换表达式
#include <stdio.h>
void main()
{
    int a,b,s;
    printf("input a,b:\n");
    scanf("a=%d,b=%d",&a,&b);
```

```
    s=10*M;
    printf("s=%d",s);
}
```

运行结果：

```
input a,b:
a=1,b=2 ↙
s=12
```

分析：上述程序用 M 替换表达式 a+b，注意表达式没有加圆括号，语句“s=10*M;”经过宏替换等价于“s=10*a+b”。显然，由于运算符优先级的原因，导致最终结果与例 5.3 的结果不同。因此，在实际使用无参宏替换表达式时，表达式应该加上圆括号，避免出现此类情况，如“#define M ((a)+(b))”。

5.2.2 带参宏

带参宏定义的一般格式为：

```
#define 宏名(参数表) 字符串
```

其中，宏名与圆括号之间不能有空格；字符串中应该含有在参数表中指定的参数。在替换时，不仅对定义的宏名进行替换，还要对参数进行替换。

（1）用于替换参数的实参可以是常量、已被赋值的变量或表达式。下面举例说明。

【例 5.5】带参宏替换时用常量替换参数示例。

```
#define M(x)  x*10              //带参宏定义
#include <stdio.h>
void main()
{
    int s;
    s=M(5);                     //用常量替换参数
    printf("s=%d",s);
}
```

运行结果：

```
s=50
```

分析：本例用常量 5 替换参数 x，语句“s=M(5);”经过宏替换等价于“s=5*10;”。

【例 5.6】带参宏替换时用赋值的变量替换参数示例。

```
#define M(x)  x*10              //带参宏定义
#include <stdio.h>
void main()
{
    int s,a;
    printf("input a:\n");
    scanf("a=%d",&a);
    s=M(a);                     //用赋值的变量替换参数
    printf("s=%d",s);
}
```

运行结果：

```
input a:
a=5 ↙
s=50
```

分析：本例先通过键盘给变量 a 赋值 5，然后用 a 替换参数 x，语句“s=M(5);”经过宏替换等价于“s=a*10;”，因此结果与例 5.5 的结果相同。

【例 5.7】带参宏替换时用表达式替换参数示例。

```
#define M(x)  x*10              //带参宏定义
#include <stdio.h>
void main()
{
    int s,a;
    printf("input a:\n");
    scanf("a=%d",&a);
    s=M(a+1);                   //用表达式替换参数
    printf("s=%d",s);
}
```

运行结果：

```
input a:
a=4 ↙
s=14
```

分析：本例用表达式 a+1 来替换参数，在运行时给 a 赋值 4，即 a+1 的值是 5，为何结果和前面两道例题的结果不同呢？原因在于用表达式替换时，语句“s=M(a+1);”经过宏替换等价于“s=a+1*10;”，显然由于运算符优先级的原因导致结果不同。如果想得到相同的结果，就要进行如下的修改，即在参数 x 的两边加上圆括号：

```
#define M(x)  (x)*10
```

通过上面 3 道例题可以发现，在使用带参宏定义时，为避免出现此类情况，应添加必要的圆括号，例如：

```
#define M(x)  ((x)*10)
```

（2）带参宏定义允许嵌套。

【例 5.8】分析以下程序的执行结果。

```
#define  MA(a)    (2*(a))
#define  MB(b,c)  (2*MA(b)+c)
#include <stdio.h>
void main()
{
    int i=1,j=2;
    printf("%d\n", MB(j, MA(i)) );
}
```

运行结果：

```
10
```

分析：本例使用了带参宏定义及宏的嵌套定义。在进行替换时，按步骤层层进行替换，将 MB(j, MA(i))替换成(2*MA(j)+MA(i))，再替换成(2*(2*(j))+(2*(i)))，最终等价于(2*(2*(2))+ (2*(1)))=10。

5.3 条件编译

一般情况下，源程序中的所有程序都参加编译。C/C++语言中的条件编译命令可以控制哪些代码参与编译、哪些代码不参与编译。这一功能的运用有助于程序的调试和移植。

条件编译有以下几种形式。

1. #if 和#endif

#if 和#endif 的一般形式为：

```
#if  常量表达式 1
    程序段 1
#endif
```

其含义是当常量表达式 1 的值为真时，编译程序段 1；否则不编译。

说明：

（1）#if 后面的表达式必须是常量表达式，不可以是变量。

（2）#if 和#endif 必须配对使用。

2. 带有#elif 的条件编译

带有#elif 的条件编译的一般形式为：

```
#if  表达式 1
    程序段 1
#elif 表达式 2
    程序段 2
#elif 表达式 3
    程序段 3
⋮
#else
    程序段 n
#endif
```

#elif 的含义是 else if，功能是如果表达式 1 的值为真，则编译程序段 1；否则，如果表达式 2 的值为真，则编译程序段 2；如果所有表达式的值都为假，则编译程序段 *n*。也可以没有#else 部分，此时如果所有表达式的值均为假，则此命令中没有程序段被编译。

3. #ifdef

#ifdef 的一般形式为：

```
#ifdef 宏名
    程序段 1
#else
    程序段 2
#endif
```

#ifdef 的功能是测试一个宏名是否被定义，如果宏名被定义，则编译程序段 1；否则编译程序段 2。该命令形式可以没有#else 部分，这时，如果宏名未被定义，则此命令中没有

程序段被编译。

4. #ifndef

#ifndef 的一般形式为：

```
#ifndef 宏名
    程序段 1
#else
    程序段 2
#endif
```

#ifndef 的功能也是测试一个宏名是否被定义，如果宏名未被定义，则编译程序段 1；否则编译程序段 2。该命令形式可没有#else 部分，这时，如果宏名被定义，则此命令中没有程序段被编译。

习　　题

5-1　下列说法不正确的是（　　）。

A．宏替换不占用运行时间

B．宏定义可以嵌套定义

C．宏定义可以递归定义

D．宏展开时，只进行替换，不含计算过程

5-2　下列预处理命令正确的是（　　）。

A．#include <stdio.h>;

B．#define　m(int x)　x+3

C．#include <stdio.h>，<math.h>

D．#define　M　3

5-3　以下程序的运行结果是________。

```
#include <stdio.h>
#define S(X) X*X
void main()
{
    int a=6, k=2, m=1;
    a/=S(k+m)/S(k+m);
    printf("a=%d\n",a);
}
```

5-4　程序中头文件 file1.h 的内容如下：

```
#define N 4
#define M1 N+3
```

程序如下：

```
#include <stdio.h>
#include "file1.h"
```

```
#define M2 M1*2
void main()
{
    int i;
    i=M1+M2;
    printf("i=%d\n" ,i);
}
```

程序运行的结果是________。

5-5　以下程序的运行结果是________。

```
#include <stdio.h>
#define M(x,y,z) x*y+z
void main()
{
    int a=4,b=5,c=6;
    printf("%d\n", M(a+b,b+c,c+a));
}
```

5-6　以下程序的运行结果是________。

```
#include <stdio.h>
#define N 2
#define s(x) x*x
#define f(x) (x*x)
void main()
{
    int i1,i2;
    i1=10/s(N+1);
    i2=10/f(N+2);
    printf("i1=%d,i2=%d\n",i1,i2);
}
```

5-7　以下程序的运行结果是________。

```
#include <stdio.h>
#define M 3
#define N M+2
#define MN N*N/2
void main()
{
    printf("%d\n",5*MN);
}
```

本章知识点测验（扫一扫）

第6章　数　　组

数组是一种构造型的数据类型，用户可以根据不同的实际需求将属于同一数据类型的一组数据按一定规律组织在一起。数组可以整体引用，其中的每个元素又可以独立引用。数组可以分为一维数组和多维数组，在程序设计中较为常用的是一维数组和二维数组。本章主要介绍一维数组与二维数组的定义、引用和初始化方法，以及数组在字符串中的应用。

6.1　一 维 数 组

6.1.1　一维数组的定义

一维数组的定义方式为：

```
数据类型　数组名[整型常量表达式]
```

例如，语句“int a[10];”，表示数组名为a，且有10个元素的数组。

说明：

（1）数据类型是指数组中元素的数据类型，所有元素必须是同一数据类型。

（2）数组名的命名规则遵循标识符的命名规则，数组名与其后的方括号之间不能有空格。

（3）只能使用方括号，并且方括号中只能是整型常量表达式，不能是变量。所谓整型常量表达式，就是由整型常量或整型符号常量组成的表达式，且表达式的值必须是正数。整型常量表达式的值代表这一数组最多可以存放元素的个数，也称数组的大小。

例如，有以下数组定义：

```
int a(5);             //不合法，没有使用“[ ]”
char 123b[10];        //不合法，数组名命名不合法，不能以数字开头
int k=5;float c[k]; //不合法，虽然k已被赋值，但k是变量，不能标识数组的大小
#define M 20
int num[M];           //合法，M是利用编译预处理命令define定义的符号常量
```

6.1.2　一维数组的引用

一维数组的元素按照下标的顺序存放在内存中。所谓下标，就是数组方括号中的数值。例如，有一数组“int a[5];”，表明该数组可以存放5个整型数据，数据按照下标从0开始

依次存放，这 5 个数据分别是 a[0]、a[1]、a[2]、a[3]和 a[4]。计算机将分配一片连续的内存空间给数组，前面讲述过，计算机是以字节为单位来存放数据的，因此，分配给数组的内存大小可以通过以下计算公式得出：

```
数组所占内存的总字节数=sizeof(数据类型)*数组大小
```

其中，关键字 sizeof 的功能是计算得出相应数据类型在当前计算机系统中所占的字节数。例如，对于“int a[5];”定义的数组，计算机分配给该数组的内存大小是 sizeof(int)*5 字节。

对于普通变量，我们已经知道必须先定义再引用。因此，在引用时，变量的名字就代表变量本身；在变量名前加上取地址符“&”，就代表变量在内存中的地址。例如：

```
int  a;             //定义部分：定义一整型变量，变量名为 a，此时变量没有确切的值
scanf("%d",&a);  //引用部分：通过键盘给变量 a 输入值，&a 表示变量的地址
printf("%d",a);  //引用部分：输出变量 a 的值，变量名就代表变量本身
```

那么，对于数组，又该如何引用呢？数组是同数据类型的一组数，其中的每个元素都是一个普通变量，元素之间通过下标来加以区分，因此“数组名[下标]”就代表了一个数组元素，“&数组名[下标]”就代表了元素在内存中的地址。例如：

```
int  a[5];              //定义部分：定义一整型数组，数组名为 a
                        //数组名也是数组在内存中的首地址
//引用部分：通过键盘给变量 a[1]输入值，&a[1]表示变量 a[1]的地址
scanf("%d",&a[1]);
printf("%d",a[1]);   //引用部分：输出变量 a[1]的值，a[1]代表数组中的第 2 个元素
```

如果要给数组中所有元素都输入值，那么该如何写程序呢？

【例 6.1】一维数组中各元素的输入/输出。

```
#include <stdio.h>
void main()
{   int i,a[5];                           //定义一维整型数组 a
    printf("please input numbers:");
    for(i=0;i<=4;i++)
    scanf("%d",&a[i]);                    //循环体，为数组的每个元素输入值
    for(i=0;i<=4;i++)
    printf("a[%d]=%d  ",i,a[i]);          //循环体，输出数组的每个元素
}
```

运行结果：

```
please input numbers:1 2 3 4 5↙
a[0]=1  a[1]=2  a[2]=3  a[3]=4  a[4]=5
```

分析：本例展示了数组常用的输入/输出方法，合理利用 for 语句，循环体就是一条输入/输出语句，巧妙利用循环控制变量（题中的变量 i）充当数组的下标，从而实现引用数组中的每个元素。需要注意的是，循环控制变量的变化范围不能超出数组下标的变化范围。例如，本例中数组的下标是 0～4，输入语句要求给出变量的地址（题中的&a[i]），输出语句要求输出变量的值，无须加地址符（题中的 a[i]）。此外，在同一函数中，数组名不能与其他变量同名。例如，以下定义是不合法的：

```
void main()
{   float a;
```

```
        int a[5]; //出现同名，是不合法的
        …
    }
```

视频讲解（扫一扫）：例 6.1

【例 6.2】设有定义“char ch[10];”，判断下列数组元素的引用是否合法。

（1）ch[10]　　　　//不合法，下标超界，范围是 0～9

（2）ch（2）　　　　//不合法，只能使用“[ ]”

（3）ch[2.5]　　　　//不合法，下标只能是整型，不能是实型

（4）ch[2.5+2.5]　　　　//不合法，下标只能是整型表达式

（5）ch[10−10]　　　　//合法，相当于 ch[0]

6.1.3　一维数组的初始化

前面已经讲述过，变量初始化就是在定义变量的同时为它赋初始值，如“int a=5;”。

对于数组，初始化就意味着给整个数组中的所有元素赋初始值。对一维数组进行初始化的方法有以下几种（举例说明）。

（1）char a[5]={'h','e','l','l','o'};。

说明：定义一个一维字符数组 a，数组的大小为 5，a[0]～a[4]的初始值依次是字符常量'h'、'e'、'l'、'l'、'o'。数组中的每个元素都被赋了初始值，属于完全赋值。

（2）int a[6]={1,2,3};。

说明：数组 a 有 6 个整型元素，而初始值只有 3 个，此种情况属于不完全赋值，根据规定，未被赋初始值的数组元素默认为 0。因此该语句等价于“int a[6]={1,2,3,0,0,0};”。

（3）int a[]={1,2,3};。

说明：数组没有给出数组的大小，但赋了 3 个初始值，此种情况属于通过初始值的个数来约定数组的大小。该语句等价于“int a[3]={1,2,3};”，数组的大小为 3。需要注意的是，在定义数组时，必须指出数组的大小，即“[ ]”中的值不能为空，只有在有初始值的情况下进行初始化时，才可省略，并以初始值的个数作为数组的大小。

综上所述，一维数组初始化的一般形式为：

```
    类型说明符  数组名[整型常量表达式]={值 1,值 2,…,值 n};
```

其中，初始值之间用逗号分隔开，只能使用一对花括号且不能省略。

6.2 二维数组

6.2.1 二维数组的定义

二维数组的定义形式为：

```
类型说明符    数组名[整型常量表达式][整型常量表达式];
```

例如，“int a[3][4];”，数组名为 a；第一个方括号中的值代表二维数组的行数；第二个方括号中的值代表二维数组的列数。也就是说，此数组可以存放 3 行 4 列共 12 个整型数据。在语法格式上，二维数组的要求与一维数组的要求相同，只是比一维数组多了一个下标。

6.2.2 二维数组的引用

类似于一维数组元素的引用方式，二维数组元素的引用方式也是“数组名[下标]”。两者的区别在于，二维数组是有行有列的，因此比一维数组多了一个下标，即：

```
数组名[下标][下标]
```

例如，“int a[3][4];”定义了一个具有 3 行 4 列的整型数组 a，可以存放 12 个整型数据。可以将数组 a 看作 3 个一维数组，每个一维数组中均含有 4 个元素。这 3 个一维数组的名称分别是 a[0]、a[1]和 a[2]，第一个数组 a[0]的各元素为 a[0][0]、a[0][1]、a[0][2]、a[0][3]，第二个数组、第三个数组依次类推。数组 a 各成员变量如下：

```
a[0][0], a[0][1], a[0][2], a[0][3]
a[1][0], a[1][1], a[1][2], a[1][3]
a[2][0], a[2][1], a[2][2], a[2][3]
```

可以看出，在引用时，无论是行还是列，下标都是从 0 开始的。

那么，在内存中，二维数组是否也是这样有行有列存放的呢？答案是否定的。计算机内存没有行与列的概念，都是以字节为单位的连续空间，二维数组在内存中存放时，采用逐行存放，行是从上到下的，每行是从左至右的。例如，上面例子中的数组 a[3][4]在内存中存放元素的顺序是 a[0][0]→a[0][1]→a[0][2]→a[0][3]→a[1][0]→…→a[2][2]→a[2][3]。

【例 6.3】二维数组中各元素的输入/输出。

```
#include <stdio.h>
void main()
{   int i,j,a[3][4];                          //定义二维整型数组 a，3 行 4 列
    printf("please input numbers:\n");
    for(i=0;i<3;i++)                          //变量 i 控制行的变化
    {for(j=0;j<4;j++)                         //变量 j 控制列的变化
        scanf("%d",&a[i][j]);                 //循环体，为数组的每个元素输入值
    }
    for(i=0;i<3;i++)
    {   for(j=0;j<4;j++)
```

```
            {  printf("a[%d][%d]=%-4d  ",i,j,a[i][j]);//循环体，输出数组的每个元素
            }
          printf("\n");
       }
    }
```

运行结果：

```
    please input numbers:
    1 2 3 4 5 6 7 8 9 10 11 12↙
    a[0][0]=1   a[0][1]=2    a[0][2]=3    a[0][3]=4
    a[1][0]=5   a[1][1]=6    a[1][2]=7    a[1][3]=8
    a[2][0]=9   a[2][1]=10   a[2][2]=11   a[2][3]=12
```

分析：本例展示了二维数组常用的输入/输出方法，利用 for 嵌套循环语句，循环体就是一条输入/输出语句，利用两个循环控制变量（题中的变量 i 和 j）充当数组的行与列，从而引用数组中的每个元素。需要注意的是，循环控制变量的变化范围不能超出数组下标的变化范围。

视频讲解（扫一扫）：例 6.3

6.2.3　二维数组的初始化

对二维数组进行初始化的方法有以下几种（举例说明）。

（1）int a[3][4]={{1,2,3,4},{5,6,7,8},{9,10,11,12}};。

说明：定义了一个二维整型数组 a，有 3 行 4 列。初始化时给 12 个元素分别赋值，属于完全赋值。数组的行数决定了外层花括号内有几个花括号（本例中有 3 个），并用逗号分开。内层的每个花括号代表一行，内部的数值分别赋给所在行的每列元素。

（2）int a[3][4]={1,2,3,4,5,6,7,8,9,10,11,12};。

说明：本例也属于完全赋值，与（1）的不同之处在于，内部没有花括号，系统按照二维数组的存储顺序依次给元素赋值，形式更简单，但不够清楚、直观。

（3）int a[3][4]={{1,2},{5}};。

说明：本例属于不完全赋值，未给出初始值的元素默认为 0。本例数组初始化相当于：

```
    int a[3][4]={{1,2,0,0},{5,0,0,0},{0,0,0,0}};
```

（4）int a[3][4]={1,2,5};。

说明：本例与（3）的形式的区别在于，花括号内部没有花括号，结果是截然不同的。本例数组初始化相当于：

```
    int a[3][4]={{1,2,5,0},{0,0,0,0},{0,0,0,0}};
```

（5）int a[][4]={1,2,3,4,5,6,7,8,9,10,11,12};。

说明：二维数组也可以通过初始值的个数来约定数组和行数。需要特别注意的是，只

能省略行数，不能省略列数。原因在于，二维数组是按行进行存放的，若省略列数，就无法控制何时转入下一行。本例数组的初始化形式等价于：

```
int a[3][4]={1,2,3,4,5,6,7,8,9,10,11,12};
```

（6）int a[][4]={1,2,3,4,5,6};。

说明：此种情况属于不完全赋值，等价于：

```
int a[2][4]={1,2,3,4,5,6,0,0};
```

或

```
int a[2][4]={{1,2,3,4},{5,6,0,0}};
```

6.3 字符串及其操作

通过前面的知识可以知道，C/C++语言中有字符常量（如'A'），也有利用关键字 char 定义的字符变量（如 char a;），还有字符串常量（如"china"）；但没有可以定义字符串变量的关键字。在 C/C++语言中，若利用字符数组来存放字符串，则数组中的每个元素用于存放字符串的一个字符。

6.3.1 字符串与字符数组

C/C++语言规定，在内存中存放字符串时，除了要将其中的每个字符存入内存中，还要在最后加一个'\0'字符，'\0'字符是字符串结束标志，它的 ASCII 码值为 0。计算机在对字符串进行操作时，也是根据这个结束标志来判断字符串是否结束的。因此，在定义用于存放字符串的字符数组时，数组的大小应该是字符串的长度+1。其中，字符串的长度是指字符串中包含的字符总数；“+1”就是给结束标志保留的。

1. 用一维数组存放一个字符串

一个一维数组可以存放一个字符串，但字符数组完成赋值后，存放的内容并不一定是字符串，字符串要求数组必须留一位来放置字符串结束标志'\0'，如果没有'\0'就是一组字符。下面列举几种一维字符数组初始化的情况来加以说明。

（1）char a[4]={'a','b','c','d'};。

说明：定义了一个一维字符数组 a，数组的大小是 4，最多可以存放 4 个字符。从初始化的结果可知，数组 a 存放了 4 个字符'a'、'b'、'c'、'd'，不能说数组 a 存放了一个字符串"abcd"，因为没有'\0'。需要注意的是，只有字符串常量才能使用双引号。

（2）char a[5]={ 'a','b','c','d','\0'};。

说明：有字符串结束标志'\0'，可以说明数组 a 中存放了一个字符串"abcd"。

（3）char a[5]={"abcd"};。

说明：花括号中没有出现'\0'，但出现了双引号，双引号是字符串常量的标志。表示用一个字符串常量对该数组进行初始化赋值。需要注意的是，数组的大小要为字符串结束标志'\0'保留 1 位。

（4）char a[5]="abcd";。

说明：此种形式与情况（3）等价，省去了一对花括号，也是合法的。

（5）char a[]="abcd";。

说明：在进行初始化赋值时，可以由初始值来约定数组的大小。例如，此例用一个字符串常量"abcd"给数组赋初始值，因此数组的大小为 5（留有 1 位存放'\0'）。

（6）char a[]={'a','b','c','d'};。

说明：注意与（5）的区别，此时利用初始值来约定数组的大小，大小为 4。

综上所述，一维数组可以存放一组字符，也可以存放字符串。当用字符串进行初始化赋值操作时，主要有 3 种方式，分别如（2）、（3）和（4）所示。注意总结书写规律，当用单个字符赋初始值时，一定要有'\0'，并且花括号不可以省略；当用一个字符串常量进行整体赋值时，没有'\0'，但一定要有双引号，花括号可以省略。

2. 用二维数组存放多个字符串

例如，“char s[3][10]={"456","ab","M"};”，表示二维数组 s 可以存放 3 个字符串，每个字符串的长度最大为 9，留有 1 位放置字符串结束标志'\0'。本例经过初始化之后的结果如下。

第 1 个字符串：s[0][0]的值为'4'，s[0][1]的值为'5'，s[0][2]的值为'6'，s[0][3]的值为'\0'。

第 2 个字符串：s[1][0]的值为'a'，s[1][1]的值为'b'，s[1][2]的值为'\0'。

第 3 个字符串：s[2][0]的值为'M'，s[2][1]的值为'\0'。

综上所述，二维数组可以用于存放多个字符串，数组的行数代表存放多少个字符串；数组的列数代表每个字符串的长度+1。注意，列数应该是所有需要存放的字符串中最长的一个字符串的长度+1。

6.3.2 字符串的输出与输入

1. 字符串的输出

字符串的输出可以通过使用 printf 函数和 puts 函数实现。使用时必须添加头文件#include <stdio.h>。

1）printf 函数

使用 printf 函数可以按以下两种格式进行输出。

（1）按%c 的格式，利用循环控制语句将字符串中的字符逐个输出到显示屏上。

【例 6.4】printf 函数使用%c 控制格式输出字符串。

```
#include <stdio.h>
void main()
{   int i;
    char str[6]={'w','o','r','l','d','\0'}; //初始化，存放字符串"world"
    for(i=0;i<6;i++)
    printf("%c",str[i]);                  //利用循环语句逐个输出字符串中的字符
}
```

本例程序的运行结果如图 6-1 所示。

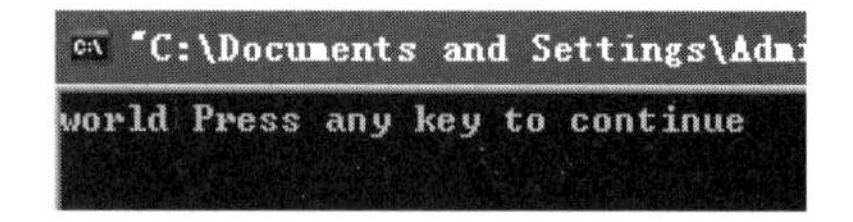

图 6-1　例 6.4 的运行结果

分析：从运行结果可以看出，字符串结束标志'\0'在显示屏上是不显示的。

（2）按%s 的格式，用 printf 函数将数组中的内容输出到显示屏上，直至遇到'\0'。

【例 6.5】 printf 函数使用%s 控制格式输出字符串。

```
#include <stdio.h>
void main()
{ char str1[5]={'w','o','r','l','d'};    //初始化，存放一组字符
                                          //没有字符串结束标志'\0'
  char str2[6]={'w','o','r','l','d','\0'};  //初始化，存放字符串"world"
  char str3[]="world";                        //初始化，存放字符串"world"
  printf("str1:%s\n",str1);               //输出字符数组 str1
                                          //输出内容书写数组名 str1
  printf("str2:%s\n",str2);               //输出字符数组 str2
                                          //输出内容书写数组名 str2
  printf("str3:%s\n",str3);               //输出字符数组 str3
                                          //输出内容书写数组名 str3
}
```

本例程序的运行结果如图 6-2 所示。

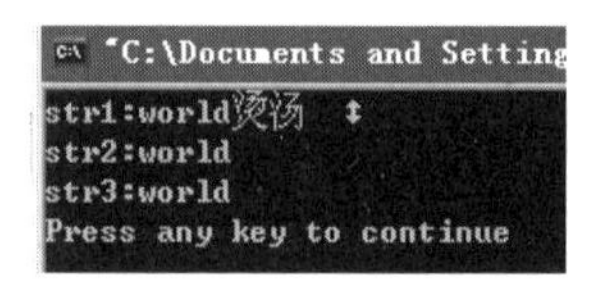

图 6-2　例 6.5 的运行结果

分析：从程序中可以看出，当利用 printf 函数使用%s 控制格式进行输出时，输出列表中使用的是数组名。当输出字符数组 str1 时，显示的结果最后出现了一些随机字符，原因在于数组 str1 初始化时没有字符串结束标志'\0'，因此输出时会输出超出数组范围的内存中的随机字符，直至遇到计算机内的'\0'，这显然不是我们想要的。而数组 str2 和 str3 在初始化时都是按照字符串的格式进行的，因此输出的结果是正常的。

因此，printf 函数常采用%s 控制格式输出字符串，在输出内容处，只需书写数组名即可，但要注意数组中存放的是否是字符串。

视频讲解（扫一扫）：例 6.5

2）puts 函数

puts 函数也可以输出字符串，并且会自动将字符串的结束标志'\0'转换成换行符'\n'。

【例 6.6】使用 puts 函数输出字符串。

```
#include <stdio.h>
void main()
{ char str1[5]={'w','o','r','l','d'};   //初始化，存放一组字符
                                          //没有字符串结束标志'\0'
  char str2[6]={'w','o','r','l','d','\0'};  //初始化，存放字符串"world"
  char str3[]="world";                      //初始化，存放字符串"world"
  printf("str1:%s\n",str1);
  puts(str1);                    //输出字符数组 str1，输出内容书写数组名 str1
  printf("str2:%s\n",str2);
  puts(str2);                    //输出字符数组 str2，输出内容书写数组名 str2
  printf("str3:%s\n",str3);
  puts(str3);                    //输出字符数组 str3，输出内容书写数组名 str3
}
```

本例程序的运行结果如图 6-3 所示。

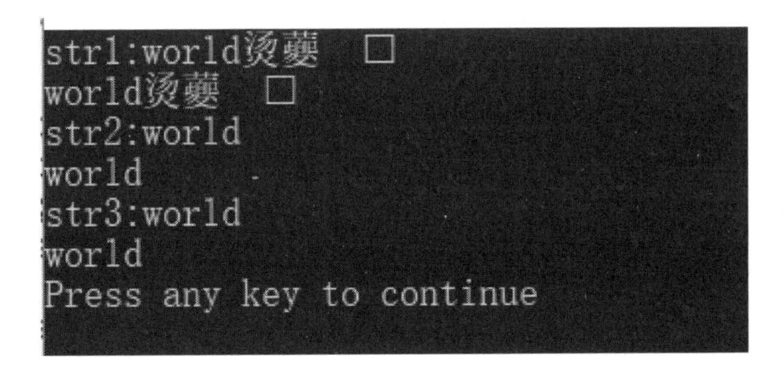

图 6-3　例 6.6 的运行结果

分析：puts 函数也可以实现输出字符数组，直到遇到'\0'，因此输出结果与例 6.5 的输出结果一样，在输出数组 str1 时输出了随机字符。输出内容只需书写字符串存放的数组名即可。与例 6.5 的不同之处在于，puts 函数在输出时可以将字符串的结束标志'\0'自动转换成换行符'\n'，因此程序中并没有像例 6.5 那样在 printf 函数中加上换行符'\n'的语句。但从运行结果中不难发现，printf 语句也有自身的优点，可以在一条语句中添加提示语，实现提示功能，增加程序的交互性。

视频讲解（扫一扫）：例 6.6

2．字符串的输入

字符串的输入可以通过使用 scanf 函数和 gets 函数实现。使用时必须添加头文件

#include<stdio.h>。

1）scanf 函数

使用 scanf 函数可以按以下两种格式进行输入。

（1）按%c 的控制格式，利用循环控制语句将字符串中的字符逐个输入字符数组中。

【例 6.7】 scanf 函数使用%c 控制格式输入字符串。

```
#include <stdio.h>
void main()
{   int i;
    char str[6];
    for(i=0;i<5;i++)
    scanf("%c",&str[i]);        //利用循环语句逐个输入字符串中的字符
    str[5]='\0';                //数组最后一位放置字符串结束标志
    puts(str);                  //利用 puts 函数输出字符串
}
```

运行结果：

```
world↙
world
```

分析：本例利用循环语句实现了逐个字符的输入，在输入时，字符之间不能用空格分隔，因为空格本身也是字符。利用赋值语句“str[5]='\0';”为数组的最后一位存放字符串结束标志'\0',并利用 puts 函数输出数组，验证了输入的有效性。

（2）按%s 的格式，将字符串的内容输入字符数组中。当输入的字符是空格、Tab 键或 Enter 键时，系统默认输入结束。

【例 6.8】 scanf 函数使用%s 控制格式输入字符串。

```
#include <stdio.h>
void main()
{ char str1[7];
  char str2[7];
  printf("input str1:");        //提示语
  scanf("%s",str1);             //数组名 str1 即数组的首地址，无须取地址符&
  printf("input str2:");
  scanf("%s",str2);             //数组名 str2 即数组的首地址，无须取地址符&
  printf("str1:%s\n",str1);  //利用 printf 函数输出字符串 str1
  printf("str2:%s\n",str2);  //利用 printf 函数输出字符串 str2
}
```

运行结果：

```
input str1: good!↙
input str2: good !↙
str1:good!
str2:good
```

分析：本例利用 scanf 函数的%s 控制格式实现了输入字符串的操作。当通过键盘输入字符串 str1 时，字符间没有输入空格，直至输入结束时输入 Enter 键；而当输入 str2 时，在字符'd'和字符'!'之间输入了空格。由于这一输入的不同，导致输出结果字符串 str1 仍是完整显

示的，而 str2 却丢失了字符'!'。造成这一结果的根本原因在于，scanf 函数在采用%s 控制格式进行输入时，当输入的字符是空格、Tab 键或 Enter 键时，系统默认输入结束，不会将其后的字符保存在字符数组中。

2）gets 函数

gets 函数也可以将字符串输入字符数组中，当遇到 Enter 键时，系统默认用户输入结束。

【例 6.9】 使用 gets 函数输入字符串。

```
#include <stdio.h>
void main()
{ char str1[7];
  char str2[7];
  printf("input str1:");        //提示语
  gets(str1);                   //输入字符串并存放于数组 str1 中
                                //数组名 str1 即数组的首地址
  printf("input str2:");
  gets(str2);                   //输入字符串存放于数组 str2 中
                                //数组名 str2 即数组的首地址
  printf("str1:%s\n",str1);  //利用 printf 函数输出字符串 str1
  printf("str2:%s\n",str2);  //利用 printf 函数输出字符串 str2
}
```

运行结果：

```
input str1: good!↙
input str2: good !↙
str1:good!
str2:good !
```

分析：本例使用 gets 函数实现了字符串的输入，与例 6.8 输入的字符串相同，但输出的结果不同。字符串 str2 并没有丢失字符'!'，这是由于 gets 函数只有在遇到 Enter 键时才默认输入结束，因此空格和字符'!'都保存在数组 str2 中了。

视频讲解（扫一扫）：例 6.9

6.3.3　字符串处理函数

C/C++的库函数提供了字符串处理函数，使用前只要包含对应的头文件 string.h，就可直接使用这些处理函数了。下面介绍几种常用字符串处理函数的使用方法。

1. 测字符串长度函数——strlen(字符数组)

测字符串长度函数的功能：计算指定字符串的实际长度(不含字符串结束标志'\0')，并返回字符串的长度。

【例 6.10】字符串长度函数的使用。

```
#include <stdio.h>
#include <string.h>                      //包含相应的头文件
void main()
{
   int l1,l2;
   char str1[]="Hello world!";          //用字符串初始化字符数组 str1
   char str2[]="Hello world\0!";        //用字符串初始化字符数组 str2
   l1=strlen(str1);                     //使用 strlen 函数计算 str1 的长度
   printf("The  lenth  of the  str1  is  %d\n",l1);
   l2=strlen(str2);                     //使用 strlen 函数计算 str2 的长度
   printf("The  lenth  of the  str2  is  %d\n",l2);
}
```

运行结果：

```
The  lenth of  the  str1  is  12
The  lenth of  the  str2  is  11
```

分析：此例利用 strlen 函数求字符串 str1 和 str2 的长度，二者的长度相差 1，原因在于串 str2 中字符'd'和'!'之间有一个字符'\0'。由于'\0'是字符串的结束标志，系统会认定'\0'之后的所有字符都不属于字符串。

2．字符串连接函数——strcat(字符数组 1,字符数组 2)

字符串连接函数的功能：将字符数组 2 中存放的字符串连接到字符数组 1 中存放的字符串尾部，同时删去字符串 1 的结束标志'\0'，组成新的字符串，并存入字符数组 1 中，该函数的返回值是字符数组 1 的首地址。需要注意的是，字符数组 1 要足够大。

【例 6.11】字符串连接函数的使用。

```
#include<stdio.h>
#include<string.h>
void main()
{   char str1[12]="Hello" ;
    char str2[7]="world!";
    strcat(str1,str2);
    puts(str1);
}
```

运行结果：

```
Helloworld!
```

分析：字符串在进行连接时，删去字符数组 1（例题中的 str1）的结束标志，开始放置字符数组 2(例题中的 str2)，以字符数组 2 的结束标志作为新的结束标志，并以字符数组 1 的数组名作为新的数组名，即首地址。需要注意的是，字符数组 1 在定义时要把连接后的空间留得足够大，以保证可以放置字符数组 2 中存放的字符串。

在实际上机验证时，有时会发现数组 1 的大小不够存放连接后的字符串，当输出字符连接后的数组时，却显示了完整的连接结果。这又是什么原因呢？其实这是不够存放的字符覆盖了数组之后系统其他内存空间的值，如果恰巧空间中存放了重要的系统数据，那么这一操作可能会造成系统崩溃。因此，在使用字符串连接函数时，要考虑数组的大小问题。

3．字符串比较函数——strcmp(字符数组 1,字符数组 2)

字符串比较函数的功能：按照从左至右的顺序依次比较字符数组 1 和字符数组 2 对应位置字符的 ASCII 码值，并返回比较结果。比较结果对应的返回值如下。

- 字符串 1=字符串 2，返回 0。
- 字符串 1>字符串 2，返回大于 0 的数。
- 字符串 1<字符串 2，返回小于 0 的数。

【例 6.12】字符串比较函数的使用。

```
#include<stdio.h>
#include<string.h>
void main()
{
    int n;
    char str1[6],str2[6];
    printf("input a str1:");
    gets(str1);                         //输入字符串 1
    printf("input a str2:");
    gets(str2);                         //输入字符串 2
    n=strcmp(str1,str2);                //比较两个字符串
    if(n==0)  printf("str1=str2\n");
    if(n>0)   printf("str1>str2\n");
    if(n<0)   printf("str1<str2\n");
}
```

运行结果：

```
input  a  str1:jim↙
input  a  str2:anna↙
str1>str2
```

分析：从程序的运行结果可以看出，字符串的比较并不是比较字符串的长度，而是从左至右依次比较字符的 ASCII 码值，如本例中的“jim”和“anna”，第一个字符'j'与'a'比较，显然前者大于后者，此时系统不会再继续比较下去，而是直接输出结果。字符串的比较在实际生活中有实际利用价值，如排列人员名单时遵循的“字典序”。

4．字符串复制函数——strcpy(字符数组 1,字符数组 2)

字符串复制函数的功能：把字符数组 2 中的字符复制到字符数组 1 中，结束标志也一同复制。需要注意的是，字符数组 1 的大小应能放下字符数组 2 中的字符串，否则可能发生系统内存被覆盖的危险。另外，如果字符数组 1 原来存放有字符串，那么复制操作后原有的字符串将被覆盖。

【例 6.13】字符串复制函数的使用。

```
#include<stdio.h>
#include<string.h>
```

```
void main()
{
    char str1[13]="Hello world!" ;
    char str2[7]="world!";
    printf("before copy str1:%s\n",str1);
    strcpy(str1,str2);           //把数组 str2 中的字符串复制到数组 str1 中
    printf("after copy str1:%s\n",str1);
}
```

运行结果：

```
before copy str1:Hello world!
after copy str1:world!
```

分析：程序的运行结果验证了字符串复制操作会把原有的内容覆盖，因此使用时要特别注意。

5．小写变大写函数——strupr（字符串）

小写变大写函数的功能：将指定字符串中的所有小写字母均换成大写字母。

6．大写变小写函数——strlwr（字符串）

大写变小写函数的功能：将指定字符串中的所有大写字母均换成小写字母。

【例 6.14】 字符串大/小写转换函数的使用。

```
#include<stdio.h>
#include<string.h>
void main()
{
   char str1[6]="HELLO" ;
   char str2[7]="world!";
   printf("before transform str1:%s\n",str1);
   printf("after transform str1:%s\n",strlwr(str1));
   printf("before transform str2:%s\n",str2);
   printf("after transform str2:%s\n",strupr(str2));
}
```

本例程序的运行结果如图 6-4 所示。

```
"C:\Documents and Settings\A
before transform str1:HELLO
after transform str1:hello
before transform str2:world!
after transform str2:WORLD!
Press any key to continue
```

图 6-4　例 6.14 的运行结果

6.4　应用举例

【例 6.15】 输入 10 个整数，找出其中的最大值。

```
#include<stdio.h>
void main()
{
    int i,max,a[10];
    printf("input 10 numbers:");
    for(i=0;i<10;i++)
      scanf("%d",&a[i]);//利用循环语句输入 10 个数
    max=a[0];                //假设数组第一个数最大，将其赋给变量 max
    for(i=1;i<10;i++)        //利用 for 循环，让变量 max 与数组其余 9 个元素逐个进行比较
    { if(max<a[i])
        max=a[i];            //如果当前的数比 max 大，则赋值给 max
    }
    printf("max=%d",max);
}
```

运行结果：

```
input 10 numbers:9 8 7 6 5 4 3 2 1 0↙
max=9
```

分析：本例利用循环控制输入了 10 个数，并保存在一维数组 a 中。假设数组中的第一个数是最大的，则将其赋给变量 max；再利用循环语句分别与其余 9 个数字逐个进行比较，若发现有比 max 大的数，则把数赋值给 max，保证 max 中始终是最大的数。

【例 6.16】 利用冒泡排序法将 N 个数进行从小到大的升序排序，N 由用户指定。

冒泡排序法的基本思想如下。

（1）将 N 个数输入一个数组 a 中。

（2）第 0 趟：从 a[0]到 a[N−1]，将相邻的两个数两两进行比较。如果前一个数比后一个数大，则交换两个数；否则，保持原来的顺序。比较结束后，最大数放置在数组的最后，即 a[*N*−1]。最大的数如同“最重的气泡”一样往后沉。

（3）第 1 趟：重复算法的第（2）步，将 a[0]到a[N−2]各数依次两两进行比较，将最大的数放置在 a[N−2]中。

第 2 趟：再将 a[0]到 a[N−3]各数进行两两比较，将最大的数调到 a[N−3]中。

…

第 N−2 趟：将 a[0]到 a[1]中较大的数调到 a[1]中。

综上所述，可以利用循环嵌套来实现，外层循环控制比较的趟数(总共 N−1 趟，即从第 0 趟到第 N−2 趟)，内层循环控制每趟进行两两比较的次数，次数=(N−1)−趟数。

假设 N=5，那么进行 N−1=4 趟就可以完成对数组 a 中的 5 个数进行从小到大的排序工作了，如表 6-1 所示。

表 6-1 采用冒泡排序法对 5 个数进行排序

数组元素	a[0]	a[1]	a[2]	a[3]	a[4]
初始值	7	6	5	8	10
第 0 趟	6	5	7	8	10
第 1 趟	5	6	7	8	10
第 2 趟	5	6	7	8	10
第 3 趟	5	6	7	8	10

通过上面的算法描述和实例分析可知，这种排序算法之所以叫冒泡排序法，是在排序的过程中，较小的数像气泡一样逐渐往前冒，较大的数逐渐往后沉，最终完成排序。如果按从大到小的顺序排序，则只需将算法中每次比较两数的“前者大于后者发生交换”改为“前者小于后者发生交换”即可。另外，从表 6-1 中可以发现，当进行完第 1 趟比较工作后，顺序已经排列完成，实际上没有必要再进行后面的比较了。因此，可以设置一个标志变量，并为其赋初始值，当某趟中并没有进行交换操作时（表示顺序已经排好），则结束循环，以提前结束整个排序工作。程序如下：

```
#define M 20
#include<stdio.h>
void main()
{
    int i,j,t,a[M],num;
    int exchange=0;                  //标志变量，初始值为 0
    printf("input num<%d:",M);       //提示语
    scanf("%d",&num);                //让用户指定数的个数，个数在宏定义 M 之内
    printf("input number:");
    for(i=0;i<num;i++)
        scanf("%d",&a[i]);           //允许用户输入 num 个数
    for(i=0;i<num-1;i++)             //外层循环控制比较的趟数
    {   exchange=0;                  //标志变量恢复初始状态
        for(j=0;j<num-1-i;j++)       //内层循环控制每趟比较的次数与趟数
                                     //有联系
        {
            if(a[j]>a[j+1])          //要求升序排列
                                     //如果前面的数大于后面的数，则两数交换位置
            {
                t=a[j];
                a[j]=a[j+1];
                a[j+1]=t;            //两数的交换必须通过第 3 个变量进行
                exchange=1;          //发生交换，标志变量 exchange=1
            }
        }
        if(!exchange)                //如果没有发生交换
                                     //则 exchange 的值应为 0，即!exchange 为真
        break;                       //结束整个循环
    }
```

```
        printf("从小到大排序后：");
        for(i=0;i<num;i++)
        printf("%d ",a[i]);           //输出排序后的结果
    }
```

本例程序的运行结果如图 6-5 所示。

图 6-5　例 6.16 的运行结果

【例 6.17】利用选择排序法将 N 个数进行从小到大的升序排序，N 由用户指定。

选择排序法的基本思想如下。

（1）将 N 个数输入一个数组 a 中。

（2）第 0 趟：让 a[0]与其后开始的 a[1]直至 a[N−1]各数逐一进行比较，找到比 a[0]小且是最小的数的位置（数组下标）记录下来，并将其保存到变量 min 中，若 min!=0，则让 a[min]与 a[0]交换，这样最小的数就排在数组的第 0 位了。

（3）第 1 趟：重复算法的第（2）步，让 a[1]与其后开始的 a[2]到a[N−1]各数逐一进行比较，找到比 a[1]小且是最小的数的位置记录下来，并将其保存到变量 min 中，若 min!=1，则让 a[min]与 a[1]交换，这样最小的数就排在数组的第 1 位了。

…

第 N−2 趟：让 a[N−2]与 a[N−1]进行比较，看是否发生交换。

综上所述，可以利用循环嵌套来实现，外层循环控制比较的趟数（总共 N−1 趟，即从第 0 趟到第 N−2 趟），内层循环控制每趟进行比较的次数，次数=(N−1)−趟数。假设 N=5，那么进行 N−1=4 趟就可以完成对数组 a 中的 5 个数进行从小到大的排序工作了，如表 6-2 所示。

表 6-2　采用选择排序法对 5 个数进行排序

数组元素	a[0]	a[1]	a[2]	a[3]	a[4]
初始值	10	8	5	6	3
第 0 趟	3	8	5	6	10
第 1 趟	3	5	8	6	10
第 2 趟	3	5	6	8	10
第 3 趟	3	5	6	8	10

选择排序法的实现程序如下：

```
#define M 20
#include<stdio.h>
void main()
{
```

```
    int i,j,t,a[M],num,min;
    printf("input num<%d:",M);  //提示语
    scanf("%d",&num);           //让用户指定数的个数
    printf("input number:");
    for(i=0;i<num;i++)
        scanf("%d",&a[i]);      //允许用户输入 num 个数
    for(i=0;i<num-1;i++)
    {   min=i;              //若当前位置的数是最小的，就先记录下来并赋给 min
        for(j=i+1;j<num;j++)
        {   if(a[j]<a[min])
                min=j;          //记录下比 a[i]小且是最小的数的下标
        }
        if(min!=i)              //下标不同意味着 a[min]和 a[i]不是同一个数
                                //需要交换
        {   t=a[i];
            a[i]=a[min];
            a[min]=t;
        }
    }
    printf("从小到大排序后：");
    for(i=0;i<num;i++)
    printf("%d ",a[i]);         //输出排序后的结果
}
```

本例程序的运行结果如图 6-6 所示。

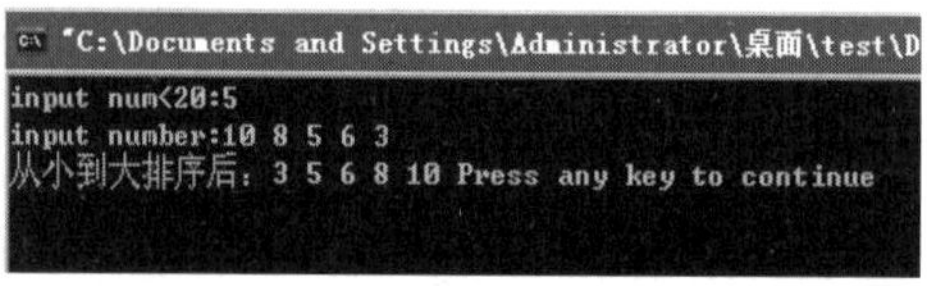

```
"C:\Documents and Settings\Administrator\桌面\test\D
input num<20:5
input number:10 8 5 6 3
从小到大排序后：3 5 6 8 10 Press any key to continue
```

图 6-6　例 6.17 的运行结果

【例 6.18】找出 5×5 矩阵主对角线上元素的最大值及其所在行的行号。

```
#include<stdio.h>
void main()
{   int a[5][5],i,j,max,row;
    printf("input number:\n");
    for(i=0;i<5;i++)
    for(j=0;j<5;j++)
        scanf("%d",&a[i][j]);        //用户输入矩阵中的数值
    printf("The matrix is:\n");
    for(i=0;i<5;i++)
    {   for(j=0;j<5;j++)
        printf("%-4d",a[i][j]);
            printf("\n");
        }
    max=a[0][0];
```

```
    row=0;
    for(i=1;i<5;i++)
    if(max<a[i][i])
    {   max=a[i][i];row=i;}
        printf("max=%d,row=%d",max,row);
    }
```

本例程序的运行结果如图 6-7 所示。

```
"C:\Documents and Settings\Administrator\桌面\123\Debug\123.exe"
input number:
1 2 3 4 5 6 7 8 9 10 11 12 13 14 15 16 17 18 19 20 21 22 23 24 25
The matrix is:
1   2   3   4   5
6   7   8   9   10
11  12  13  14  15
16  17  18  19  20
21  22  23  24  25
max=25,row=4Press any key to continue
```

图 6-7　例 6.18 的运行结果

习　　题

6-1　以下程序是否有输出结果？若有，则写出结果；若无，则说明原因。

```
#include<stdio.h>
void main()
{   char a[5],b[]="China";
    a=b;
    printf("%s",a);
}
```

6-2　以下程序的输出结果是________。

```
#include  <stdio.h>
void main()
{   int a[3][3]={ 2,1,0,1,2,0,0,2,1},i,j,t=0;
    for(i=0;i<3;i++)
      for(j=i;j<=i;j++)
          t=t+a[i][a[i][j]];
      printf("%d\n",t);
}
```

6-3　当执行下面的程序时，如果输入 A，则输出结果是________。

```
#include<stdio.h>
#include<string.h>
void main()
{ char ss[10]="1,2,3,4,5";
  gets(ss);
  strcat(ss,"123");
  printf("%s\n",ss);
}
```

6-4 求一个 5×5 的矩阵主对角线元素之和。

6-5 从键盘上输入两个字符串，并比较这两个字符串是否相等。

6-6 输入 10 个字符串，并按字典序升序排列。

6-7 任意输入 10 个整数，进行降序排列，再输入一个整数，并将它插入有序序列中。

6-8 打印以下杨辉三角（要求允许用户指定输出的行数，行数限定在 10 行以内）：

```
1
1   1
1   2   1
1   3   3   1
1   4   6   4   1
1   5   10  10  5   1
…
```

6-9 输入一串字符，以字符'#'作为结束标志，分别统计其中大写字母、小写字母、空格、数字及其他字符的个数。

本章知识点测验（扫一扫）

第7章　指　　针

指针是C语言中的一个重要概念，也是其最具特色的组成部分。对于初学者来说，指针是较难理解的一部分内容。但指针的功能性很强，借助它可以更灵活、高效地处理数据，进而提高程序的质量。本章先介绍指针的基本概念，然后在此基础上主要讲述指针与数组、字符串和函数之间的结合使用。

7.1　指针的概念

前面讲述过，普通变量必须先定义后引用。例如，定义整型变量x通过“int x;”来实现，变量名x代表变量本身，因此在引用变量时，可以直接访问变量。例如，给变量x赋值10，可通过语句“x=10;”来实现。此种访问变量的方式称为直接访问。

除此之外，还有一种访问方式，即间接访问。如图7-1所示，变量p的值是&x，即变量x的内存地址。因此，通过变量p可以找到内存中的变量x，通过操作变量p，就可以间接地操作变量x了。这里的变量p就是本章要讲述的指针。

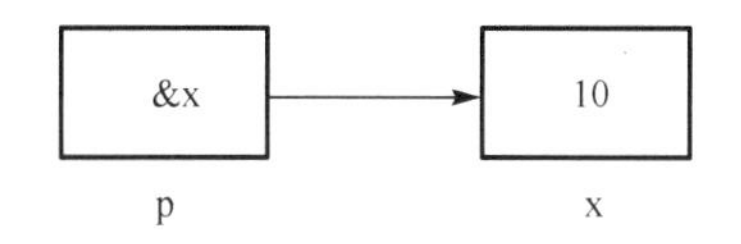

图7-1　指针指向普通变量示例

指针也是一个变量，与普通变量一样占用一定的存储空间。但不同的是，指针变量在内存中存放的是地址，而不是普通数据。因此，指针是一个地址变量。例如，图7-1中的指针变量p的值是变量&x，等价于“p=&x;”。

7.1.1　指针变量的定义

指针变量的定义形式为：

```
类型 *指针变量名
```

说明：

（1）“*”是指针变量的标志，指针变量名的命名规则遵循标识符的命名规则。

（2）“类型”限制该指针指向的变量的数据类型，一经定义，指针就只能指向该类型的变量。

例如：

```
int *p;          //p是指向整型变量的指针变量
char *cp;        //cp是指向字符型变量的指针变量
float *fp;       //fp是指向单精度实型变量的指针变量
double *dp;      //dp是指向双精度实型变量的指针变量
```

需要特别注意的是，定义指针变量后，其值是随机的、不确定的，此时只是表明了该指针可以指向哪种类型的变量，并没有确切地表明指向哪个变量。

7.1.2 指针变量的引用

与普通变量一样，指针变量也必须先定义后引用。除此之外，在使用之前还必须为指针变量赋值，即指针在使用前必须有确切的指向。

【例7.1】通过指针变量访问简单变量。

```
#include<stdio.h>
void main()
{
    int *p,i;         //定义部分
    p=&i;             //引用部分，将变量i的地址赋给p，指针有了确切的指向
    *p=100;           //为指针p指向的变量的内容赋值100
    printf("*p=%d\n",*p);
    printf("i=%d\n",i);
}
```

运行结果：

```
*p=100
i=100
```

分析：在使用指针时要注意区分定义和引用两个阶段形式上的不同。在定义阶段，应严格按照指针变量定义的格式要求，一定不能缺少“*”；在引用阶段，首要工作是给指针变量赋值（赋地址），让指针有确切的指向，如本例中的语句“p=&i;”。指针变量本身就是地址，“*指针变量”表示所指向地址空间的内容。例如，本例中的语句“*p=100;”等价于“i=100;”，因此最后在输出变量i的值时，结果与“*p”的值完全一样。

7.1.3 指针变量的初始化

在定义指针变量的同时给它赋地址值，这种做法称为指针变量的初始化，其初始化形式为：

```
类型 *指针变量名=&变量名;
```

例如，下面两条语句：

```
int x,*p;        //定义部分
p=&x;            //引用部分
```

等价于：

```
int x,*p=&x;     //初始化
```

注意：在进行初始化时，变量 x 的定义应位于指针变量 p 的定义之前。如果改写为“int *p=&x, x;”，则系统会报错。因为计算机是按从左至右的顺序来阅读程序的，系统会报出“int *p=&x”中的 x 没有定义的错误信息。

7.1.4　指针变量的运算

由于指针变量存放的是内存地址，因此在运算时不能像普通变量那样自由，必须受到严格的限制，以保证内存地址的安全性。指针可以参加的运算有以下几种。

1. 赋值运算

在讲述指针变量的引用时，曾提到指针在使用之前，必须有确切的指向，即指针必须指向某一变量的地址。这一操作就是利用赋值运算完成的，即将某一地址赋给指针变量。例如，以下的赋值语句：

```
int *p,i;        //定义变量
p=&i;            //赋值语句，将变量 i 的地址赋给指针变量 p
```

```
int *p1,*p2, a; //定义两个指针变量 p1 和 p2
p2=&a;           //将变量 a 的地址赋给指针变量 p2
p1=p2;           //将指针 p2 的值赋给 p1，等价于两指针指向同一内存地址
```

```
int *p;          //定义指针变量 p
p=2000;          //不合法，因为 C 语言不允许把一个数赋给指针变量
```

说明：以上列举了几种赋值运算的情况，需要注意的是，C 语言不允许将一个数赋给指针变量。例如，2000 不再单纯指整数了，它代表的是内存地址为 2000 的空间。因为并不知道这块地址中保存的是什么数据（可能是计算机系统数据），所以后续对指针进行操作，就意味着对内存中这块地址的数据进行操作，这是危险的。

2. 算术运算

指针的算术运算在指针与数组结合使用时才有意义，对于指针指向其他类型变量，指针进行算术运算是毫无意义的。指针可以参加的算术运算仅限于以下两种情况。

（1）指针变量加上或减去一个整数 N。

指针变量加上或减去一个整数 N 表示的含义是让指针的指向从当前位置向前或向后移动 N 个位置。注意，这里的“N 个位置”并不是在原地址上加上数字 N，因为不同数据类型所占内存的字节数是不同的，取决于指针变量的数据类型，相当于“N×数据类型所占字节数”个字节。因此在编程时，不用考虑到底移动了多少个字节（系统会自动转换），只需关心移动了多少个位置即可。例如：

```
int *p,a[10];    //定义指针变量 p 和一维数组 a
p=a;             //数组名即数组的首地址，该语句意味着指针 p 指向数组的首地址
                 //等价于 p=&a[0]
```

```
p=p+2;            //算术运算，即指针 p 指向数组元素 a[2]，等价于 p=&a[2]
```

（2）指针变量的自增和自减运算。

指针变量的自增和自减运算表示的含义是让指针相对于现在的位置向前或向后移动 1 个位置。运算后指针地址的变化量取决于指针的数据类型。

例如：

```
char *p="hello world!";      //定义字符指针 p，指向字符串的首地址
while(*p)                    //*p 表示当前位置内存放的字符，判断当前字符
                             //不为 0，即字符串未结束
putchar(*p++);               //输出当前位置的字符，指针自增向后移动 1 个位置
                             //指向下一字符
```

指针变量在进行自增/自减运算时，根据其类型的长度确定增减量，以保证指针变量总是指向后一个或前一个元素。在编程时，不必考虑其实际增量是多少。

此外，要注意当“*”与“++”和“--”结合使用时，它们属于同一优先级，但结合性是自右向左结合的，例如：

p++等价于(p++)，其含义是取出 p 当前指向位置的内容，然后 p 指向下一个元素。

++p 等价于(++p)，其含义是移动 p 指向下一个元素，然后取出 p 指向位置的内容。

++*p 等价于++(*p)，其含义是将 p 指向位置的内容加 1。

(*p)++的含义是取出 p 将指向位置的内容，然后将该内容加 1。

3. 关系运算

指针的关系运算仅限于以下两种情况。

（1）指向同一数据类型的两个指针变量之间可以进行<、<=、>、>=、= =和!=等关系运算，常用于指针与数组的结合使用中，用来判断两指针的位置关系，例如：

```
p1==p2        //两指针指向同一位置
p1>p2         //p1 相对 p2 位于高地址位置
p1<p2         //p1 相对 p2 位于低地址位置
```

（2）指针变量与 0 之间也可以进行关系运算，用来判断指针是否为空指针，例如：

```
p==0
```

或

```
p!=0
```

7.2 指针与数组

通过对数组的学习，我们了解到同一数据类型的数据可以利用数组集中存储在内存的一片连续空间内。利用数组的下标可以实现对数组内各元素的访问。指针与数组的结合使用为我们提供了另一种间接访问数组成员的方法。

7.2.1 指针与一维数组

1. 数组名充当指针

数组一旦定义，数组名就是数组的首地址，即数组第 0 个元素的地址。数组名也可以充当指针的角色，通过加减位移量来表示数组内各个元素的地址。

数组名与指针变量的区别在于，数组名是常量，它的值就是数组的首地址，不能像指针变量那样进行自增或自减运算，因为只有变量才能进行自增或自减运算。同样，数组名也不能出现在赋值运算符的左边。

例如：

```
int a[10];
a++;                                    //不合法，a 是常量
a=1000;                                 //不合法，a 是常量，不能给常量赋值
```

【例 7.2】数组名充当指针示例。

```
#include<stdio.h>
void main()
{
    int i,a[10];
    printf("input number:\n");          //提示语
    for(i=0;i<10;i++)
    scanf("%d",a+i);                    //循环输入 10 个数，a+i 表示数组元素的地址
    printf("revers order is:\n");       //提示语
    for(i=9;i>=0;i--)
    printf("%d  ",*(a+i));              //逆序输出数组元素
                                        //*(a+i)表示数组元素的内容
}
```

运行结果：

```
input number:
1 2 3 4 5 6 7 8 9 10↙
revers order is:
10 9 8 7 6 5 4 3 2 1
```

分析：本例展示了数组名充当指针的使用方法，程序中的“scanf("%d",a+i);”语句等价于“scanf("%d",&a[i]);”语句，即 a+i 等价于&a[i]，都表示数组第 i 个元素的地址；程序中的“printf("%d ",*(a+i));”语句等价于“printf("%d ",a[i]);”语句，即*(a+i)等价于 a[i]，都表示数组第 i 个元素的内容。本例也展示了引用数组元素的另一种方法。

2. 定义指向数组的指针变量

可以定义一个与数组类型相同的指针指向数组。

【例 7.3】定义指针指向数组，利用指针访问数组元素。

```
#include<stdio.h>
void main()
{
    int i,a[10],*p;                     //定义指向整型数据的指针 p
```

```
    p=a;                              //让指针指向数组 a 的首地址
    printf("input number:\n");        //提示语
    for(i=0;i<10;i++)
    scanf("%d",p+i);                  //循环输入 10 个数，p+i 表示数组元素的地址
    printf("revers order is:\n");     //提示语
    for(i=9;i>=0;i--)
    printf("%d  ",*(p+i));    //逆序输出数组元素，*(p+i)表示数组元素的内容
}
```

运行结果：

```
input number:
1 2 3 4 5 6 7 8 9 10↙
revers order is:
10 9 8 7 6 5 4 3 2 1
```

分析：本例展示了利用指针变量间接访问数组元素的方法。需要注意的是，p+i 表示相对指针 p 的当前位置向后移动 i 个位置的地址，而 p 的位置是不动的，始终指向数组的首地址。数组名可以充当指针，指向数组的指针也可以充当数组名，因此，本例程序改成如下形式也是正确的：

```
#include<stdio.h>
void main()
{
    int i,a[10],*p;
    p=a;                          //让指针指向数组 a 的首地址
    printf("input number:\n");
    for(i=0;i<10;i++)
    scanf("%d",&p[i]);            //指针充当数组名
    printf("revers order is:\n");
    for(i=9;i>=0;i--)
    printf("%d  ",p[i]);          //指针充当数组名
}
```

【例 7.4】利用指针的自增/自减运算访问数组元素。

```
#include<stdio.h>
void main()
{
    int a[10],*p;                 //定以指向整型数据的指针 p
    p=a;                          //让指针指向数组 a 的首地址
    printf("input number:\n");    //提示语
    for(;p<a+10;p++)
    scanf("%d",p);                //利用指针自身的移动遍历数组的各个元素
    printf("revers order is:\n");
    p=&a[9];                      //指针重新定位，指向数组的最后一个元素
    for(;p>=a;p--)
    printf("%d  ",*p);            //利用指针的自减运算实现逆序输出数组元素
}
```

运行结果：

```
input number:
1 2 3 4 5 6 7 8 9 10↙
```

```
revers order is:
10 9 8 7 6 5 4 3 2 1
```

分析：本例展示了利用指针变量的自增/自减运算来间接访问数组元素的方法。需要注意的是，指针 p 的值是不断改变的。换句话说，指针不再始终指向数组的首地址，而是发生了移动，因此在输出数据前，要根据题意重新定位指针，如本例中输出前的语句“p=&a[9];”。本例中的指针无法用数组名取代，因为数组名是常量，而自增/自减运算只适用于变量。

视频讲解（扫一扫）：例 7.3

视频讲解（扫一扫）：例 7.4

7.2.2　指针与二维数组

1. 数组名充当指针

通过前面的学习可以知道，二维数组在定义时有行有列，但计算机的内存空间没有行和列之分，是一片连续的空间。因此在将二维数组元素存放到内存空间中时，是按照行从上至下、每行从左至右的顺序依次存放的。在表示二维数组的地址时，比一维数组要复杂一些，有行地址与列地址之分。下面举例说明。

定义一个二维数组：

```
int a[3][4];
```

其中，a 为二维数组名；此数组有 3 行 4 列，共 12 个元素。也可以这样理解，数组由 3 个元素组成：a[0]、a[1]、a[2]。这 3 个元素本身又是一个一维数组，且都含有 4 个元素。例如，a[0]代表的一维数组包括的 4 个元素为：

```
a[0][0]  a[0][1]  a[0][2]  a[0][3]
```

（1）行地址。数组名 a 代表二维数组的首地址，a 等价于 a+0，因此 a 也代表第 0 行的首地址。依次类推，a+1 代表第 1 行的首地址、a+2 代表第 2 行的首地址……

（2）列地址。如前所述，把 a[0]、a[1]、a[2]看作一维数组名，即它们分别代表它们对应的数组的首地址。也就是说，a[0]等价于 a[0]+0，代表第 0 行中第 0 列元素的地址，即&a[0][0]；a[0]+1 代表第 0 行第 1 列元素的地址，即&a[0][1]；a[1]等价于 a[1]+0，代表第 1 行中第 0 列元素的地址，即&a[1][0]。总结出一般通式：a[i]+j 代表第 i 行第 j 列元素的地址，即&a[i][j]。

以上就是利用数组的下标来表示数组元素的地址的方法。因为数组名可以充当指针，所以也可以采用指针的形式表示元素的地址，如表 7-1 所示，表中的几种表式形式均可以等价转换。

表 7-1　二维数组的地址表示形式及含义

表 示 形 式	含　义
a	二维数组名，整个数组的首地址，也是第 0 行的行地址
a+i	第 i 行首地址（行地址）
a[i]，*(a+i)	第 i 行第 0 列元素的地址（列地址）
a[i]+j，*(a+i)+j，&a[i][j]	第 i 行第 j 列元素的地址（列地址）
(a[i]+j)，(*(a+i)+j)，a[i][j]	第 i 行第 j 列元素的值

2．定义指向数组的指针

由于二维数组有行地址和列地址之分，因此在定义指向二维数组的指针时，需要有行指针与列指针之分，二者在定义的格式和遍历二维数组的方式上都有所不同。

1）列指针

定义指向二维数组的列指针的形式为：

```
类型 *指针变量名
```

说明：从定义形式上来看，与前面讲述的指针定义是完全相同的。在遍历二维数组时，按照存放二维数组的顺序进行。需要注意的是，当指针指向二维数组时，赋值操作一定是将二维数组的列地址赋给该指针。

【例 7.5】利用列指针访问二维数组。

```
#include<stdio.h>
void main()
{   int a[3][4],i,j,*p;      //定义指针 p（列指针）
    p=a[0];       //指针指向第 0 行第 0 列，a[0]代表第 0 行第 0 列的地址（列地址）
    printf("input number:\n");
    for(i=0;i<3;i++)
    for(j=0;j<4;j++)
    scanf("%d",p+i*4+j);      //按照存放数组的顺序遍历数组
    printf("The two-dimensional ayyay is:\n");
                              //提示语
    for(i=0;i<3;i++)
    {   for(j=0;j<4;j++)
        printf("%-4d",*(p+i*4+j));
        printf("\n");
    }
}
```

运行结果：

```
input number:
1 2 3 4 5 6 7 8 9 10 11 12↙
The two-dimensional ayyay is:
1   2   3   4
5   6   7   8
9   10  11  12
```

分析：本例展示了列指针的定义格式及遍历二维数组的方法。主要的难点：①为指针赋初值，一定要给列地址，如语句“p=a[0];”；②scanf 语句中如何表示各个元素的地址，利用“列指针+偏移量”的方法，如语句“scanf("%d",p+i*4+j);”中变量 i 代表行，变量 j 代表列，每行有 4 个元素，因此每个元素的地址就可以表示成“p+i*4+j”；③printf 语句中如何表示各个元素的值，有了各个元素的地址，加上“*”就可表示内容了，如语句“printf("%-4d",*(p+i*4+j));”中的“*(p+i*4+j)”。

2）行指针

定义指向二维数组的行指针的形式为：

```
类型 (*指针变量名)[长度]
```

说明：在定义形式上，“*指针变量名”两边的圆括号不能省略，如果省略，将变成另一个概念——指针数组；后面紧跟一个方括号，其中的“长度”是指二维数组的列数。

在遍历二维数组时需要注意：为指针赋初值一定是数组的行地址；“指针+1”不再是指向后移动一位，而是向下移动一行，在内存中相当于越过一行的数据。

【例 7.6】 利用行指针访问二维数组的各个元素。

```
#include<stdio.h>
void main()
{   int a[3][4],i,j,(*p)[4];//定义指针 p（行指针）
    p=a;                    //指针指向第 0 行的首地址
                            //a 代表数组的首地址，也是第 0 行的首地址（行地址）
    printf("input number:\n");
    for(i=0;i<3;i++)
    for(j=0;j<4;j++)
    scanf("%d",*(p+i)+j);         //行指针转换成列指针
    printf("The two-dimensional ayyay is:\n");
                                  //提示语
    for(i=0;i<3;i++)
    {   for(j=0;j<4;j++)
        printf("%-4d",*(*(p+i)+j));
        printf("\n");
    }
}
```

运行结果：

```
input number:
1 2 3 4 5 6 7 8 9 10 11 12↙
The two-dimensional ayyay is:
1   2   3   4
5   6   7   8
9   10  11  12
```

分析：本例展示了行指针的定义格式及其遍历二维数组的方法。主要的难点：①为指针赋初值，一定要给行地址，如语句“p=a;”；②scanf 语句中如何表示各个元素的地址，需要将行指针转换成列指针，才能遍历数组中的各个元素，如语句“scanf("%d", *(p+i)+j);”中的变量 i 代表行、变量 j 代表列、p+i 代表第 i 行的行首地址，而“*(p+i)”等价于“p[i]”，表

示第 i 行第 0 列的地址，由此完成了由行地址向列地址的转换，再加上相对偏移量 j，“*(p+i)+j”就可以表示每个元素的地址了；③printf 语句中如何表示各个元素的值，有了各个元素的地址，加上“*”就可表示内容了，如语句“printf("%-4d",*(*(p+i)+j));”中的“*(*(p+i)+j)”。

7.3　指针与字符串

字符串常量是用双引号引起来的字符序列，如"hello!"。字符串变量是存放在字符型数组中的一串字符，并且以字符'\0'作为字符串的结束标志。通过前面对指针与数组结合使用的学习可以知道，除了可以利用字符数组引用字符串，还可以利用字符指针引用字符串。

1．字符指针与字符串

【例 7.7】利用字符数组引用字符串。

```
#include<stdio.h>
void main()
{
    int i;
    char str[]="programming world!";//定义字符数组 str 来存放一字符串
    printf("\n%s",str);            //利用 printf 函数的%s 控制格式输出字符串
    printf("\n");
    for(i=0;*(str+i);i++)          //利用循环语句逐个输出字符串中的字符
    printf("%c",*(str+i));
}
```

运行结果：

```
programming world!
programming world!
```

分析：数组名 str 也是字符串的首地址，第一次输出，利用 printf 函数的%s 控制格式将字符串输出；第二次输出，利用 for 语句，用数组名 str 充当指针，即*(str+i)代表相对于首地址偏移量为 i 的地址中存放的内容，将字符串中的字符逐个进行输出。其中，for 语句的判断语句*(str+i)的含义是当前位置的字符不是'\0'。程序运行结果显示，两种输出方式的结果是相同的。

【例 7.8】用字符指针指向一个字符串。

```
#include<stdio.h>
void main()
{   int i;
    char *p=" programming world!";  //定义字符型指针 p，并指向一字符串的首地址
    printf("%s\n",p);               //p 就是字符串的首地址
    for(i=0;p[i]!='\0';i++)
    printf("%c",p[i]);              //指针充当数组名，指针始终指向字符串的首地址
    printf("\n");
    for(;*p!='\0';p++)              //利用指针的自增运算遍历字符串的每个字符
    printf("%c",*p);                //*p 代表当前位置的内容
```

```
}
```

运行结果：

```
programming world!
programming world!
programming world!
```

分析：定义一个字符指针指向一字符串，注意这里提到的是指向，并不是像数组一样存放字符串，指针存放的是字符串的首地址。第一次输出，p 代表数组的首地址，利用 printf 函数的%s 控制格式进行输出；第二次输出，利用 for 循环语句，逐个输出字符串中的字符，程序中利用指针变量 p 充当数组名，指针 p 始终指向字符串的首地址；第三次输出，利用指针的自增运算遍历字符串中的每个字符，指针 p 的指向不断地向后移动，直至字符串结束。程序运行结果显示，3 种输出方式的结果是相同的。

2. 指针数组与字符串

指向同一数据类型的指针构成的数组就是指针数组。数组中的每个元素都是指针变量，其定义的一般形式为：

```
类型名 *数组名[常量表达式];
```

指针数组中最具实用价值的就是字符型指针数组，主要用途是处理多个长度不等的字符串。存放多个字符串要用二维数组，数组列数的设定必须满足最长字符串的存放要求，这种方法不但在内存的分配上可能造成浪费，而且处理字符串的效率相对较低。使用指针指向字符串，通过地址运算来操作字符串更方便、高效。

需要注意的是，指针数组的每个元素都是指针变量，因此在赋初值时一定是将地址赋给指针数组的各个成员。

【例 7.9】 编写一个程序，用一星期 7 天的英文名称初始化一个字符指针数组，当通过键盘输入整数 1～7 时，分别显示对应的英文名称；当输入其他整数时，显示错误信息。程序如下：

```
#include<stdio.h>
void main()
{   char *day[7]={"Monday","Tuesday","Wednesday","Thursday",
    "Friday","Saturday","Sunday"};
    int d;
    printf("input the day:");
    scanf("%d",&d);
    if(d<=7&&d>=1)
    printf("星期%d 的英文名称是：%s\n",d,*(day+d-1));
    else
    printf("输入的星期无效！\n");
}
```

运行结果：

```
input the day:7↙
星期 7 的英文名称是：Sunday
```

分析：定义一个字符指针数组 day，并用字符串常量对它进行初始化。*(day+d-1)等价于 day[d-1]，表示指针数组中第(d-1)个元素，它存放的值是第(d-1)个字符串的首地址，利用 printf 函数的%s 控制格式输出字符串。之所以用(d-1)，是因为输入的 d 值是符合日常生活中实际的星期一到星期日，但数组的下标是从 0 开始的，需要进行对应的转换。

7.4　指针与函数

7.4.1　指针变量作为函数的参数

在讲述函数时，我们强调当被调函数中的形参是普通变量时，主调函数的实参也是普通变量，将实参的值单向传递给形参，形参的任何变化都不会回传给实参。但当指针变量作为被调函数的形参时，主调函数的实参要求必须是地址值，因为只有地址才能赋给指针变量。也就是说，形参的指针指向了实参变量的地址，因此对形参进行操作等于间接地对实参进行操作，等于实现了双向传递。

【回顾】 实参向形参单向传递值示例。

```
#include <stdio.h>
/*函数名为 fun，两个形参 x 和 y，无返回值，功能：将值扩大为原来值的两倍*/
void fun(int x,int y )
{    x=x*2;
     y=y*2;
     printf("x=%d,y=%d\n",x,y);
}
void main()
{   int a,b;
    printf("please input two numbers:");
    scanf("%d,%d",&a,&b);
    fun(a,b);                 //函数调用语句，实参 a 和 b 将值分别传给形参 x 和 y
    printf("a=%d,b=%d\n",a,b);//输出结果
}
```

程序的运行结果如下：

```
please input two numbers:4,5↙
x=8,y=10
a=4,b=5
```

分析：此程序的运行结果印证了当被调函数中的形参是普通变量时，实参将值传递给了形参，形参的变化不会使实参发生变化，即单向传递值。

【例 7.10】 编写函数实现两个整数扩大为原值的两倍，要求函数的参数为指针变量。

```
#include<stdio.h>
void fun(int *p,int *q)                    //函数的两个形参为整型指针
{    *p=(*p)*2;                            //扩大为原值的两倍
     *q=(*q)*2;
     printf("(*p)=%d,(*q)=%d\n",*p,*q);
```

```
}

void main()
{
    int a,b;
    printf("input a and b:");
    scanf("%d%d",&a,&b);
    printf("扩大倍数前：a=%d,b=%d\n",a,b);      //显示调用函数前 a 和 b 的值
    fun(&a,&b);                             //调用 fun 函数，实参是变量 a 和 b 的地址
    printf("扩大倍数后：a=%d,b=%d\n",a,b);      //显示调用函数后 a 和 b 的值
}
```

运行结果：

```
input a and b:
3  5↙
扩大倍数前：a=3,b=5
(*p)=6,(*q)=10
扩大倍数后：a=6,b=10
```

分析：当形参是指针变量时，实参传递的一定是地址，运行结果显示形参的扩大倍数使实参也扩大了相同的倍数，实现了双向传递。

【例 7.11】编写函数实现两个整数的交换，要求函数的参数为指针变量。

```
#include<stdio.h>
void swap(int *p,int *q)                    //函数的两个形参为整型指针
{   int temp;
    temp=*p;
    *p=*q;
    *q=temp;                                //利用中间变量 temp 实现(*p)和(*q)的交换
    printf("(*p)=%d,(*q)=%d\n",*p,*q);
}

void main()
{
    int a,b;
    printf("input a and b:");
    scanf("%d%d",&a,&b);
    printf("交换前：a=%d,b=%d\n",a,b); //显示调用函数前 a 和 b 的值
    swap(&a,&b);                        //调用 swap 函数，实参是变量 a 和 b 的地址
    printf("交换后：a=%d,b=%d\n",a,b);//显示调用函数后 a 和 b 的值
}
```

运行结果：

```
input a and b:
3  5↙
交换前：a=3,b=5
(*p)=5,(*q)=3
交换后：a=5,b=3
```

分析：当形参是指针变量时，实参传递的一定是地址，运行结果显示形参的交换导致

了实参的交换，实现了双向传递。需要注意的是，在 swap 函数体中，利用中间变量 temp 将(*p)和(*q)进行了交换，而不是将 p 和 q 进行交换。若将 swap 函数修改成例 7.12 的形式，那么运行结果将不同。

【例 7.12】编写函数未能实现两个整数的交换示例。

```
#include<stdio.h>
void swap(int *p,int *q)
{   int *temp;
    temp=p;
    p=q;
    q=temp;  //利用中间变量 temp 实现(*p)和(*q)的交换
    printf("(*p)=%d,(*q)=%d\n",*p,*q);
}

void main()
{
    int a,b;
    printf("input:a and b:");
    scanf("%d%d",&a,&b);
    printf("交换前：a=%d,b=%d\n",a,b); //显示调用函数前 a 和 b 的值
    swap(&a,&b);                        //调用 swap 函数，实参是变量 a 和 b 的地址
    printf("交换后：a=%d,b=%d\n",a,b);//显示调用函数后 a 和 b 的值
}
```

运行结果：

```
input:a and b:
3  5↙
交换前：a=3,b=5
(*p)=5,(*q)=3
交换后：a=3,b=5
```

分析：变量 a 和 b 没有实现交换，而 swap 函数中(*p)和(*q)的值发生了交换，原因在于 swap 函数中交换了变量 p 和 q，相当于将两个指针的指向互换，而没有交换原来所指变量的值。

视频讲解（扫一扫）：例 7.10

视频讲解（扫一扫）：例 7.11

视频讲解（扫一扫）：例 7.12

7.4.2 指针变量作为函数的返回值

如果一个函数的返回值是一个指针变量，那么这个函数就是返回指针的函数。

返回指针的函数的一般定义格式为：

```
类型名 *函数名(参数表)
{
    说明部分;
    执行部分;
}
```

例如，有一函数声明：

```
float *fun(int x,float y);
```

则表示函数 fun 的返回值类型是指向 float 型变量的指针。

【例 7.13】 编写求 3 个整数中最大数的函数，要求函数返回指针变量。

```
#include<stdio.h>
int *max(int *a,int *b,int *c)        //函数的返回值为 int 型变量的指针
{
    int *m=a;
    *m=(*a)>(*b)?(*a):(*b);           //计算 a 和 b 的最大值并保存到 m 中
    *m=(*m)>(*c)?(*m):(*c);           //计算 m 和 c 的最大值并保存到 m 中
    return(m);                        //返回变量 m 的地址
}
void main()
{
    int x,y,z;
    int *mp;
    printf("input x,y,z:");
    scanf("%d,%d,%d",&x,&y,&z);
    mp=max(&x,&y,&z);                     //调用函数 max，将返回的&m 赋给指针 mp
    printf("the max number is %d",*mp); //输出 mp 所指位置保存的内容
}
```

运行结果：

```
input x,y,z:4,5,6↙
the max number is 6
```

7.4.3　指向函数的指针与指向指针的指针

1. 指向函数的指针

一个函数编译后被存放到内存中，对应一片内存空间，这一内存的起始地址是该函数的入口地址，即指向该函数的指针。利用指向函数的指针变量可以灵活且方便地进行函数调用，让程序从若干函数中选出一个最适宜当前情况的函数予以执行。

指向函数的指针的一般定义格式为：

```
数据类型 (*函数指针变量名)();
```

其中，数据类型为函数返回值的类型；函数指针变量名前面的“*”表明后面跟随的是函数指针变量名。

需要注意的是，在定义函数指针时，函数指针变量名两边的圆括号不能省略。

2. 指向指针的指针

指针变量本身也是一种变量，同样要在内存中为其分配相应的单元。如果另设一个变量，其中存放一个指针变量在内存中的地址，那么它本身也是一个指针变量，且指向的对象是一个指针变量。这种指向指针数据的指针变量就称为指向指针的指针变量。

指向指针的指针的一般定义形式为：

```
类型名 **指针变量名;
```

其中，类型名是最终所指对象的类型，例如：

```
int **pp;
```

pp前面有两个“*”，因为“*”运算符的结合性是从右到左的，因此**pp等价于*(*pp)。

本节内容对于初学者来说较为复杂，在此不进行详细的介绍了，感兴趣的读者可以查阅其他相关资料来进一步学习。

习　题

7-1　若有语句“int a,*p=&a;*p=10;”，则以下均能表示地址的是（　　）。

A．a，p，&*p　　B．&*a，*p，&a

C．&a，*p，*&p　　D．&a，p，&*p

7-2　若有以下定义和语句：

```
char a[3]={'a','b','c'},*p=a;
```

则以下选项中错误的语句是（　　）。

A．p++;　　B．*p++;

C．*(++p);　　D．a++;

7-3　若有以下定义和语句：

```
int a[3][4],*p=a[1];
```

则以下选项中等价于&a[2][2]的引用是（　　）。

A．*(a[2]+2)　　B．*p+6

C．p+6　　D．*(a+2)[2]

7-4　以下语句正确的是（　　）。

A．char a[6]={"hello!"};　　B．char a[7],a="hello!";

C．int *a="hello!";　　D．char *a; a="hello!";

7-5　若有定义“int *p[3];”则下列叙述中正确的是（　　）。

A．定义了一个基本类型为int的指针变量p，该变量有3个指针

B．定义了一个指针变量数组p，该数组含有3个元素，每个元素都是类型为int的指针

C．定义了一个名为*p的整型数组，该数组含有3个int类型的元素

D．定义了一个可指向一维数组的指针变量p，所指一维数组应具有3个int类型元素

7-6　以下程序运行的结果是________。

```
#include<stdio.h>
void main()
{   int a[3][4]={1,2,3,4,5,6,7,8,9,10,11,12};
    int (*p)[3]=a;
    printf("a[2][2]=%d\n",a[2][2]);
    printf("a[2][2]=%d\n",*(*(p+2)+2));
}
```

7-7　以下程序运行的结果是________。

```
#include<stdio.h>
char fun(char ch)
{
    if(ch>='A'&&ch<='Z') ch=ch+'a'-'A';
    return ch;
}
void main()
{
    char s[]="ABC+def=ABCDEF",*p=s;
    while(*p)
    {
        *p=fun(*p);
        p++;
    }
    printf("%s\n",s);
}
```

7-8　以下程序在运行时依次输入 abc、abba、ada 这 3 个字符串，输出的结果是______。

```
#include <stdio.h>
#include <string.h>
char  *fun(char *s1,  char *s2)
{   if(strcmp(s1,s2)<0)
    return(s1);
    else return(s2);
}
void main()
{   int  i;
    char string[20],str[3][20];
    for(i=0;i<3;i++)
        gets(str[i]);
    strcpy(string,fun(str[0],str[1]));
    strcpy(string,fun(string,str[2]));
    printf("%s\n",string);
}
```

7-9　用指针数组编程，实现当通过键盘输入整数 1～12 时，显示对应月份的英文名称；当输入其他整数时，显示错误信息。

7-10　用指针实现通过键盘输入一串字符，并以字符'#'作为结束标志。若字符是英文字符，则将小写字母转换成大写字母，然后逆序输出该字符串。

本章知识点测验（扫一扫）

第 8 章　结构体、共用体和枚举类型

在前面的章节中学习和使用了基本数据类型——整型（int）、单精度实型（float）、字符型（char）等，这些代表数据类型的关键字无须定义，可以直接使用。本章介绍结构体、链表、共用体、枚举类型和 typedef 类型。对于这些类型，必须先定义，然后才能使用定义该类型的变量。

8.1　结构体的定义与应用

8.1.1　结构体类型的定义

结构体类型是由不同数据类型的数据组成的，这些数据称为该结构体类型的成员项。在程序中使用结构体时，必须先定义。结构体类型定义的格式为：

```
struct  结构体类型名{
        数据类型 成员名 1;
        数据类型 成员名 2;
            …
        数据类型 成员名 n;
};
```

说明：

（1）struct 是定义结构体类型的关键字，其后的结构体类型名由程序员命名，命名规则遵循标识符的命名规则。

（2）各成员项的数据类型可以是基本数据类型，也可以是数组、指针等类型，还可以是其他结构体类型，即实现结构体类型的嵌套定义。

例如，定义一个表示学生的结构体类型，结构体类型名为 student，有 4 个成员项：学号、姓名、年龄和性别，具体代码如下：

```
struct  student{
    int number;            //学号，整型
    char name[10];         //姓名，字符数组型
    int  age;              //年龄，整型
    char sex[2];           //性别，字符数组型
};
```

再如，为上例定义的类型中增加一个成员项——出生日期（date），该成员项是由另一结构体类型 DATE 定义的变量。为实现这一要求，必须先定义结构体类型 DATE，再定义结构体类型 student，二者的定义顺序不能颠倒。具体程序如下：

```
/*先定义结构体类型 DATE*/
struct  DATE{
    int year;             //年
    int month;            //月
    int day;              //日
 };

struct  student{
    int number;
    char name[10];
    int  age;
    char sex[2];
    struct DATE date;    //出生日期，DATE 类型，利用嵌套定义
};
```

结构体类型允许嵌套定义，但不允许递归定义，因为这样无法确定结构体类型所占内存空间的大小。例如，以下定义是不合法的：

```
struct  DATE{
    int year;
    int month;
    int day;
    struct  DATE date;   //不合法！不允许递归定义
};
```

如果结构体类型中有些成员项是同一数据类型，则可以像定义变量的格式那样一起定义，之间用逗号分隔。例如，以下形式是合法的：

```
struct  DATE{
    int  year,month,day;
 };

struct  student{
    int  number,age;
    char  name[10],sex[2];
    struct DATE date;
};
```

另外，结构体类型中的成员项可以和程序中的其他变量名相同，不同结构体类型中的成员项也可以同名。

（3）不同数据类型在系统中所占的内存空间是不同的。结构体类型所占内存空间的大小是其所包含的各个成员项所占内存大小之和。需要注意的是，与其他数据类型一样，系统是不会为数据类型分配内存空间的，只有在用类型定义了变量之后，系统才会为其分配相应的内存空间。

8.1.2　结构体变量的定义

变量必须先定义后引用，结构体变量也是如此。结构体变量定义的格式有以下 3 种。

1．先定义结构体类型，再定义结构体变量

例如：

```
struct  student{
    int number;                //学号
    char name[10];             //姓名
    int  age;                  //年龄
    char sex[2];               //性别
    };
struct student stu1,stu2;  //定义结构体变量 stu1 和 stu2 为 student 结构类型
```

说明：此种形式最为常用，结构体类型的定义可以放在所有函数之外，结构体变量的定义可以出现在任意需要的地方。

2．在定义结构体类型的同时定义结构体变量

例如：

```
struct  student{
     int number;               //学号
     char name[10];            //姓名
     int  age;                 //年龄
     char sex[2];              //性别
     }stu1,stu2;
```

说明：结构体类型的定义一般放在所有函数之外，上例中的结构体变量 stu1 和 stu2 就会成为全局变量，不如第 1 种方式灵活。

3．在定义结构类型的同时定义结构体变量，且省略结构体类型名

例如：

```
struct  {
     int number;               //学号
     char name[10];            //姓名
     int  age;                 //年龄
     char sex[2];              //性别
}stu1,stu2;
```

说明：省略了结构体类型名，每次在定义变量时都必须重新书写结构体成员项，较为烦琐，因此虽然合法，但不常用。

8.1.3 结构体变量的引用与初始化

1. 结构体变量的引用

1）对结构体变量成员项的引用

变量在定义之后就可以引用了，结构体变量可以包含多个成员项，引用其成员项的方式如下：

```
结构变量名.成员名
```

其中，“.”是结构体成员运算符，它在所有运算符中的优先级别最高。

【例 8.1】 引用结构体变量成员项示例。

```
#include<stdio.h>
struct  DATE{
   int year,month,day;};

struct  student{
   int number;
   char name[10];
   int  age;
   char sex[2];
   struct DATE date;
};

void main()
{  struct student stu;        //定义结构体变量 stu
   printf("input number:");   //提示语
   scanf("%d",&stu.number);   //输入学号
   printf("input name:");
   scanf("%s",stu.name);      //输入姓名，数组名 name 表示首地址，无须加“&”
   printf("input age:");
   scanf("%d",&stu.age);      //输入年龄
   printf("input sex:");
   scanf("%s",stu.sex);       //输入性别，数组名 sex 表示首地址，无须加“&”
   printf("input date:");
   scanf("%d-%d-%d",&stu.date.year,&stu.date.month,&stu.date.day);
   /*输入出生年月日，输入时注意格式*/
   printf("学号:%d,姓名:%s,年龄:%d,性别:%s,\n 出生日期:%d-%d-%d",stu.number,

stu.name,stu.age,stu.sex,stu.date.year,stu.date.month,stu.date.day);
}
```

本例程序的运行结果如图 8-1 所示。

```
input number:210112
input name:limei
input age:19
input sex:女
input date:2002-3-9
学号:210112,姓名:limei,年龄:19,性别:女,
出生日期:2002-3-9Press any key to continue
```

图 8-1　例 8.1 的运行结果

分析：本例展示了逐一引用结构体变量成员项的方法。当遇到嵌套定义的成员项时，按照嵌套的顺序层层引用，如成员项的出生日期的年的引用形式是 stu.date.year。

视频讲解（扫一扫）：例 8.1

2）对结构体变量的整体引用

相同类型的结构体变量之间可以整体赋值，系统会自动将各成员项的值进行对应的赋值操作。例如：

```
struct student stu1,stu2;
    stu1=stu2;
```

以上程序将把 stu2 中的各成员项的值对应赋给 stu1 的各成员项。对结构体变量中的内嵌结构体变量也可以进行整体赋值，如“stu1.date=stu2.date;”。

2. 结构体变量的初始化

所谓结构体变量的初始化，就是在定义结构体变量的同时对其各成员项按照定义顺序逐一进行赋值，且各成员项的初始值要与定义的数据类型一致。

由于定义结构体变量的方式有 3 种，因此初始化结构体变量的方式也有以下 3 种。

第 1 种：

```
struct  student{
   int number;                 //学号
   char name[10];              //姓名
   int  age;                   //年龄
   char sex[2];                //性别
   };
   struct student stu1={200101,"liming",20,"男"};
```

第 2 种：

```
struct  student{
   int number;                 //学号
   char name[10];              //姓名
```

```
    int  age;                    //年龄
    char sex[2];                 //性别
    } stu1={200101,"liming",20,"男"};
```

第 3 种：

```
struct  {
    int number;                  //学号
    char name[10];               //姓名
    int  age;                    //年龄
    char sex[2];                 //性别
    } stu1={200101,"liming",20,"男"};
```

对于嵌套定义的结构体变量，在进行初始化时，要逐层细化，直到最基本的数据类型变量。例如：

```
struct  DATE{
    int year,month,day;
    };

struct  student{
    int number;
    char name[10];
    int  age;
    char sex[2];
    struct DATE date;
    };
    struct  student stu={200101,"liming",20,"男",1993,5,8};
```

8.1.4 结构体数组

1. 结构体数组的定义

由同一结构体类型变量组成的数组称为结构体数组，即数组中的元素都是同一结构体类型的变量。与其他类型数组一样，结构体数组一经定义，在内存中就会占用一片连续的空间，其定义格式如下：

```
struct 结构体类型名 结构体数组名[元素个数];
```

与定义结构体变量类似，结构体数组的定义也有以下 3 种方式。

（1）先定义结构体类型，再定义结构体数组。

例如：

```
struct student{
        long int number;             //学号
        char name[10];               //姓名
        float score[2];              //两门课程的成绩
        };
struct student stu[5];               //定义结构体数组
```

（2）在定义结构体类型的同时定义结构体数组。

例如：

```
struct student{
          long int number;          //学号
          char name[10];            //姓名
          float score[2];           //两门课程的成绩
          }stu[5];                  //定义结构体数组
```

（3）利用无结构体类型名定义结构体数组。

例如：

```
struct {
         long int number;           //学号
         char name[10];             //姓名
         float score[2];            //两门课程成绩
         }stu[5];                   //定义结构体数组
```

2．结构体数组的引用

【例 8.2】定义一个存放 3 位学生的结构体数组，每位学生的信息包括学号、姓名、两门课程的成绩。输入 3 位学生的信息，并显示输出。

```
#include<stdio.h>
struct student{
         long int number;           //学号
         char name[10];             //姓名
         int score[2];              //两门课程的成绩
};
void main()
{  struct student stu[3];          //定义结构体数组 stu
   int i,j;
   printf("请输入学生信息:\n");
  for(i=0;i<3;i++)                  //输入
   {printf("第%d 位学生的学号:",i+1);
   scanf("%ld",&stu[i].number);     //输入第 i 位学生的学号
   printf("第%d 位学生的姓名:",i+1);
   scanf("%s",stu[i].name);        //输入第 i 位学生的姓名，数组名 name 表示地址
   printf("第%d 位学生的两门课程的成绩:",i+1);
   for(j=0;j<2;j++)
     scanf("%d",&stu[i].score[j]);  //循环输入第 i 位学生的两门课程的成绩
   }
   printf("\n 学号       姓名       高数     英语\n");
   for(i=0;i<3;i++)                 //输出
   {printf("%ld",stu[i].number);    //输出第 i 位学生的学号
    printf("    %-10s",stu[i].name); //输出第 i 位学生的姓名
    for(j=0;j<2;j++)
      printf("%-8d",stu[i].score[j]);//循环输出第 i 位学生的两门课程的成绩
    printf("\n");
```

```
        }
    }
```

本例程序的运行结果如图 8-2 所示。

```
请输入学生信息：
第1位学生的学号：210101
第1位学生的姓名：limin
第1位学生的两门成绩：78 89
第2位学生的学号：210102
第2位学生的姓名：luli
第2位学生的两门成绩：86 87
第3位学生的学号：210103
第3位学生的姓名：wangli
第3位学生的两门成绩：97 95

学号      姓名      高数      英语
210101    limin     78        89
210102    luli      86        87
210103    wangli    97        95
Press any key to continue
```

图 8-2 例 8.2 的运行结果

视频讲解（扫一扫）：例 8.2

分析：结构体数组的引用与结构体变量的引用类似，也是通过结构体成员运算符“.”来引用各个成员项的。利用循环语句和数组下标访问数组中的每个元素。例如，本例中某学生的学号、姓名和成绩分别是 stu[i].number、stu[i].name、stu[i].score[j]。

【例 8.3】定义一个存放学生信息的结构体数组，数组大小由用户指定。每位学生的信息包括学号、姓名、两门课程的成绩。输入学生的信息，并显示输出。

```
#include<stdio.h>
#define  N  100                        //宏定义 N 为 100
struct student{
            long int number;           //学号
            char name[10];             //姓名
            int score[2];              //两门课程的成绩
};
void main()
{  struct student stu[N];              //符号常量 N 作为数组大小，定义结构体数组 stu
   int i,j,num;
   printf("请输入学生人数<%d:",N);
   scanf("%d",&num);
  printf("请输入学生信息:\n");
  for(i=0;i<num;i++)                        //变量 num 作为循环语句的上限，输入
   {printf("第%d 位学生的学号:",i+1);
    scanf("%ld",&stu[i].number);            //输入第 i 位学生的学号
    printf("第%d 位学生的姓名:",i+1);
    scanf("%s",stu[i].name);         //输入第 i 位学生的姓名，数组名 name 表示地址
    printf("第%d 位学生的两门课程的成绩:",i+1);
    for(j=0;j<2;j++)
     scanf("%d",&stu[i].score[j]);          //循环输入第 i 位学生的两门课程的成绩
   }
   printf("\n 学号     姓名     高数     英语\n");
   for(i=0;i<num;i++)                        //变量 num 作为循环语句的上限，输出
```

```
      {printf("%ld",stu[i].number);      //输出第 i 位学生的学号
       printf("    %-10s",stu[i].name); //输出第 i 位学生的姓名
       for(j=0;j<2;j++)
         printf("%-8d",stu[i].score[j]);//循环输出第 i 位学生的两门课程的成绩
       printf("\n");
      }
  }
```

本例程序的运行结果如图 8-3 所示。

```
请输入学生人数<100:4
请输入学生信息:
第1位学生的学号:210101
第1位学生的姓名:limin
第1位学生的两门成绩:87 76
第2位学生的学号:210102
第2位学生的姓名:luli
第2位学生的两门成绩:87 86
第3位学生的学号:210103
第3位学生的姓名:qihao
第3位学生的两门成绩:78 76
第4位学生的学号:210104
第4位学生的姓名:wanglu
第4位学生的两门成绩:96 89

学号       姓名       高数     英语
210101     limin      87       76
210102     luli       87       86
210103     qihao      78       76
210104     wanglu     96       89
Press any key to continue
```

图 8-3　例 8.3 的运行结果

视频讲解（扫一扫）：例 8.3

分析：此例利用宏定义符号常量 N 作为数组的大小；定义变量 num 表示学生人数，num 的值由用户确定，但需要小于 N。此种方式可以更灵活地满足实际需要，适应性更强。

3．结构体数组的初始化

与其他类型的数组一样，结构体数组也可以进行初始化。例如，对例 8.2 中的数组进行初始化：

```
struct student{long int number;      //学号
               char name[10];        //姓名
               float score[2];       //两门课程的成绩
          };
struct student stu[3]={{210201,"liuyu",{85,90}},
                       {210202,"maolei",{78,67}},
                       {210203,"niuyun",{79,86}}};
```

8.1.5　结构体指针

指向结构体类型变量的指针称为结构体指针。与前面讲述的指针概念类似，结构体指针在使用之前，也必须有明确的指向。指针的出现提供了另一种引用变量的方法，其定义格式为：

```
struct 结构体类型名 *结构体指针名;
```

例如：

```
struct student{
            long int number;      //学号
            char name[10];        //姓名
            float score[2];       //两门课程的成绩
      };
struct student  stu,*p;           //定义结构体变量stu和结构体指针p
```

定义stu是类型为struct student的结构体变量，p是指向该类型对象的指针变量。需要注意的是，经过上面的定义，此时p尚未指向任何具体的对象。利用以下赋值语句，可明确指针p指向结构体变量stu的地址：

```
p=&stu;
```

1. 结构体指针与结构体变量

结构体指针给我们提供了两种新的引用结构体成员项的方法，即：

```
(*结构指针变量名).成员名
```

或

```
结构指针变量名->成员名
```

说明：第一种形式中的圆括号不能省略；第二种形式中的指向结构体成员运算符“->”由一个减号“-”和一个“>”组成，其优先级与结构体成员运算符“.”同处于最高级，结合方向从左至右。

【例8.4】利用结构体指针引用结构体变量成员项示例。

```
#include<stdio.h>
struct  DATE{
   int year,month,day;};

struct  student{
   int number;
   char name[10];
   int  age;
   char sex[2];
   struct DATE date;
};

void main()
{ struct student stu,*p;           //定义结构体变量stu和结构体指针p
  p=&stu;                          //指针指向结构体变量stu的地址
  printf("input number:");         //提示语
  scanf("%d",&(*p).number);        //输入学号，注意“&”
  printf("input name:");
  scanf("%s",(*p).name);           //输入姓名，数组名name表示首地址，无须加“&”
  printf("input age:");
  scanf("%d",&(*p).age);           //输入年龄，注意“&”
  printf("input sex:");
  scanf("%s",(*p).sex);            //输入性别，数组名sex表示首地址，无须加“&”
```

```
        printf("input date:");
        scanf("%d-%d-%d",&(*p).date.year,&(*p).date.month,&(*p).date.day);
        /*输入出生年月日，输入时注意格式*/
        printf("学号:%d,姓名:%s,年龄:%d,性别:%s,\n 出生日
期:%d-%d-%d",p->number,
        p->name, p->age, p->sex, p->date.year, p->date.month, p->date.day);
    }
```

本例程序的运行结果如图 8-4 所示。

```
input number:210101
input name:luli
input age:19
input sex:女
input date:2002-4-6
学号:210101,姓名:luli,年龄:19,性别:女,
出生日期:2002-4-6Press any key to continue
```

图 8-4　例 8.4 的运行结果

分析：本例展示了利用结构体指针访问结构体变量各成员项的方法，需要注意以下两点。

（1）指针在使用前一定要有明确的指向，如语句“p=&stu;”。

（2）scanf 函数中输入项的表示形式；取地址符“&”的有无要根据类型而定。例如，“scanf("%s",(*p).name);”中没有出现“&”，原因是成员项姓名定义的是字符型数组，数组名 name 就是数组的首地址；而语句“scanf("%d",&(*p).number);”中出现了“&”，因为成员项学号定义的是整型，需要取地址。(*p).number 是一个整体，表示当前位置变量的成员项 number，不要误以为&(*p).number 等价于 p.number。p.number 不符合结构体指针引用成员项的格式，是不合法的。

2. 结构体指针与结构体数组

结构体指针也可以指向结构体数组，使用的方法类似于前面讲述的指针与数组的结合使用的方法。

【例 8.5】对结构体数组进行初始化，利用结构体指针输出。

```
    #include<stdio.h>
    struct student{
            long int number;      //学号
            char name[10];        //姓名
            int score[2];         //两门课程的成绩
        };
    void main()
    {struct student stu[3]={{210201,"刘宇",{85,90}},
                           {210202,"毛磊",{78,67}},
                           {210203,"夏杰",{79,86}}};
    struct student *p=stu;//定义结构体指针 p，并为其赋初始值 stu（数组的首地址）
    int i;
    printf("\n 学号    姓名    高数    英语\n");
```

```
    for(;p<stu+3;p++)              //利用指针的自增运算遍历数组
    {   printf("%ld\t",p->number);
        printf("%s\t",p->name);
        for(i=0;i<2;i++)
            printf("%d\t",p->score[i]);
        printf("\n");
        }
    }
```

本例程序的运行结果如图 8-5 所示。

图 8-5　例 8.5 的运行结果

分析：本例展示了利用结构体指针引用结构体数组的方法，需要注意以下两点。

（1）在为指针赋初始值时，数组名就是数组的首地址，无须再加“&”。

（2）在循环控制条件的选取上有一定的难度，如语句“for(;p<stu+3;p++)”中的 p<stu+3 等价于 p<=stu+2，利用指针变量的自增运算 p++实现数组的遍历。

8.1.6　结构体与函数

1．结构体变量作为函数参数

当结构体变量作为函数参数进行函数调用时，直接将实参结构体变量的各个成员值依次传递给形参结构体变量。注意是实参向形参的单向值传递。

【例 8.6】定义一个存放 3 位学生的结构体数组，并进行初始化。每位学生的信息包括学号、姓名、两门课程的成绩。编写实现输出信息功能的函数 print，并编写主函数验证。

```
#include<stdio.h>
struct student{
            long int number;          //学号
            char name[10];            //姓名
            int score[2];             //两门课程的成绩
};
void print(struct student stud) //定义函数 print，形参是结构体变量 stud
{ int i;
  printf("%ld\t",stud.number);        //输出学号
  printf("%s\t",stud.name);           //输出姓名
  for(i=0;i<2;i++)
    printf("%d\t",stud.score[i]);     //循环输出两门课程的成绩
  printf("\n");
}
```

```
    void main()
    { int i;
      struct student stu[3]={{210201,"刘宇",{85,90}},{210202,"毛磊
",{78,67}},
                                        {210203,"夏杰",{79,86}}};
      printf("\n 学号    姓名    高数    英语\n");
      for(i=0;i<3;i++)
         print(stu[i]);        //调用函数print，实参是结构体数组元素stu[i]
    }
```

本例程序的运行结果如图 8-6 所示。

```
学号    姓名    高数    英语
210201  刘宇    85      90
210202  毛磊    78      67
210203  夏杰    79      86
Press any key to continue
```

图 8-6　例 8.6 的运行结果

分析：自定义的 print 函数实现了输出一个结构体变量各个成员项值的功能，主函数中定义的是结构体数组，因此利用 for 循环语句调用了 3 次 print 函数。调用时传递的是结构体数组元素 stu[i]，系统会自动将实参 stu[i]的各个成员项对应的赋值给形参 stud 的各个成员项。

2. 结构体指针作为函数参数

当结构体指针作为函数参数进行函数调用时，将实参结构体变量的地址传递给形参结构体指针。

【例 8.7】修改例 8.6，用结构体指针作为 print 函数的参数。

```
    #include<stdio.h>
    struct student{
              long int number;          //学号
              char name[10];            //姓名
              int score[2];             //两门课程的成绩
    };
    void print(struct student *p)       //定义函数print，形参是结构体指针p
    {int i;
      printf("%ld\t",p->number);        //输出学号
      printf("%s\t",p->name);           //输出姓名
      for(i=0;i<2;i++)
        printf("%d\t",p->score[i]);     //循环输出两门课程的成绩
      printf("\n");
    }

    void main()
    { int i;
      struct student stu[3]={{210201,"刘宇",{85,90}},{210202,"毛磊",{78,67}},
```

```
                    {210203,"夏杰",{79,86}}};
   printf("\n 学号    姓名    高数    英语\n");
   for(i=0;i<3;i++)
      print(&stu[i]);//调用函数 print()，实参是结构体数组元素的地址&stu[i]
}
```

分析：程序运行结果与例 8.6 的运行结果相同。print 函数的形参是结构体指针，因此在调用函数时，传递的是地址。

3．结构体类型作为函数返回值

【例 8.8】 修改例 8.7，将输入结构体变量值的功能用函数 input 实现，该函数返回值是结构体变量。

```
#include<stdio.h>
struct student{
            long int number;      //学号
            char name[10];        //姓名
            int score[2];         //两门课程的成绩
};

struct student input()              //定义函数 input，函数返回值是结构体类型
{ struct student stud;              //定义结构体变量 stud（局部变量）
  int i;
  printf("学号：");
  scanf("%ld",&stud.number);        //输入学号
  printf("姓名：");
  scanf("%s",stud.name);            //输入姓名，数组名 name 表示地址
  printf("两门成绩：");
  for(i=0;i<2;i++)
  scanf("%d",&stud.score[i]);
  return stud;                      //返回变量 stud 的值
}

void print(struct student stud) //定义函数 print，形参是结构体变量 stud
{ int i;
  printf("%ld\t",stud.number);      //输出学号
  printf("%s\t",stud.name);         //输出姓名
  for(i=0;i<2;i++)
    printf("%d\t",stud.score[i]);//循环输出两门课程的成绩
  printf("\n");
}

void main()
{ int i;
  struct student stu[3];
  for(i=0;i<3;i++)
    stu[i]=input();                 //调用函数 input，将返回值赋给变量 stu[i]
  printf("\n 学号    姓名    高数    英语\n");
```

```
    for(i=0;i<3;i++)
      print(stu[i]);                //调用函数print，实参是结构体数组元素stu[i]
  }
```

本例程序的运行结果如图 8-7 所示。

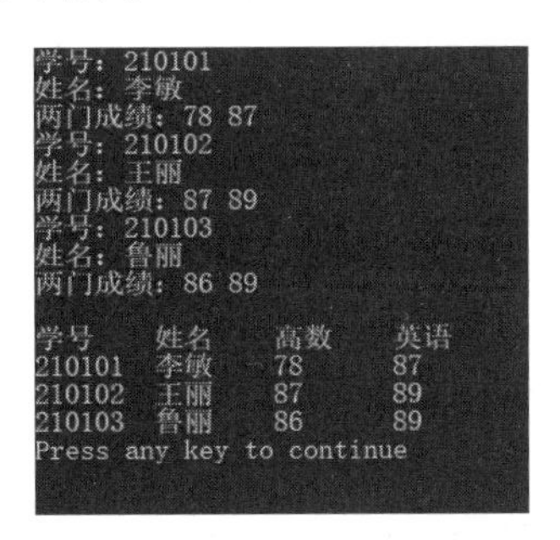

```
学号：210101
姓名：李敏
两门成绩：78 87
学号：210102
姓名：王丽
两门成绩：87 89
学号：210103
姓名：鲁丽
两门成绩：86 89

学号    姓名    高数    英语
210101  李敏    78      87
210102  王丽    87      89
210103  鲁丽    86      89
Press any key to continue
```

图 8-7　例 8.8 的运行结果

分析：本例中一共有 3 个函数：input 函数、print 函数和 main 函数。input 函数是有返回值的，并且按要求返回结构体变量，通过语句“return stud;”来实现。在主函数 main 中分别用 for 循环语句调用 input 函数和 print 函数，再次展示了对于被调函数有、无返回值，调用函数的格式是不同的。调用语句分别是“stu[i]=input();”（input 函数有返回值）和“print(stu[i]);”（print 函数无返回值）。

8.2　链　　表

数组可以存放一组相同数据类型的数据，系统将为数组分配一片连续的内存空间。在定义数组时，必须指出数组的大小。但在实际应用中，大小有时很难准确地给出，太大会造成系统浪费，太小又无法满足要求。设想，能否根据实际需要动态地申请空间，需要时就申请，使用完毕就归还给系统呢？此外，数组需要分配的空间是连续的，设想，能否把内存中符合要求的、离散的内存空间整合起来，以提高整个系统内存的利用率呢？

前一种设想可以利用 C 语言中动态申请空间函数 malloc 与释放空间函数 free 或 C++ 语言中的 new 函数和 delete 函数来实现；后一种设想可以通过链表实现。

8.2.1　动态内存管理

实现动态地申请内存和释放内存，可以通过系统库函数来完成，使用之前需要包含相应的系统头文件。本节主要介绍 C 语言中的 malloc 函数和 free 函数，C++语言中的 new 函数和 delete 函数会在后面进行介绍。

使用 malloc 函数和 free 函数之前，要包含系统头文件#include<stdlib.h>。

1. malloc 函数

malloc 函数的格式为：

```
void *malloc(unsigned int size);
```

malloc 函数的功能：内存的动态存储区分配一块大小为 size 的连续内存空间，若内存中有满足大小要求的内存空间，则系统将返回一个指向该内存空间首地址的指针；若无法分配，则返回一个 NULL 指针。因此，在调用该函数时，可以通过判断返回的指针是否为 NULL 来判断申请空间是否成功。

2. free 函数

free 函数的格式为：

```
void free( p );
```

free 函数的功能：将指针 p 指向的内存空间释放掉，并归还给系统。系统的内存空间是有限的，不可能无限地分配下去，编写的程序应尽量节约系统资源，用完后及时释放空间，以便其他变量或程序使用，进而提高系统内存空间的利用率。

8.2.2 链表概述

8.2.1 节讲到，利用 malloc 函数和 free 函数可以实现动态地申请和释放空间，如果需要动态地申请多个大小相同的空间，那么该如何把这些空间动态地串联起来呢？链表就可以解决这一问题。链表分为单链表、双向链表和循环链表等，每种形式的链表都适合一定的数据存储类型。但它们也有共同之处，即链表由节点组成，每个节点代表一块申请的内存空间，每个节点都包含以下两方面的内容。

（1）数据部分：存放需要处理的数据，可以是一个变量或多个变量。

（2）指针部分：存放其他节点的地址。这样通过指针就可以将各个节点连接在一起了。

可见，链表的节点包含的成员不一定是相同的数据类型。因此，在定义节点时，应使用结构体类型。假设定义一链表节点的类型，类型名为 node，数据部分为一整型变量 data，指针部分指针名为 next，则节点的结构体类型定义格式如下：

```
struct node{
                int data;              /*数据部分*/
                struct node *next;     /*指针部分*/
               };
```

本节只介绍单链表，除了以上提及的所有链表共有的特点，单链表还具有以下两个特点。

（1）必须具备一个表头节点，它的数据部分为空，指针部分存放链表第一个节点的地址。

（2）各节点的指针部分只有一个指向其他节点的指针。若有两个指向其他节点的指针，则称它为双链表。最后一个节点的指针为空（NULL），作为单链表的结束标志。

图 8-8 为单链表的结构图，链表的表头节点为 head，共有 4 个节点，最后一个节点的指针为 NULL。

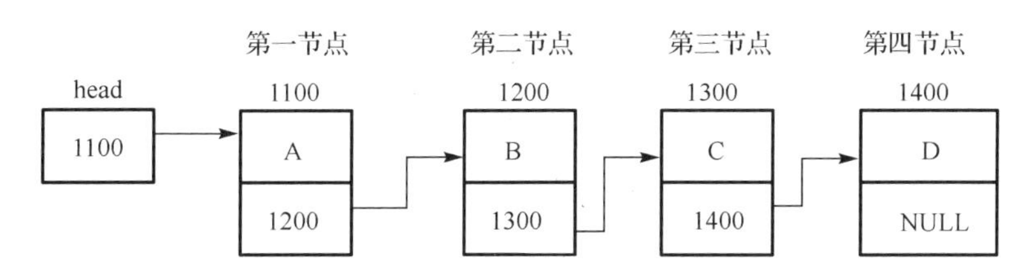

图 8-8　单链表的结构图

前面提到，链表的节点包含的成员不一定是相同的数据类型，因此在定义节点时应使用结构体类型。链表又可以包含多个节点，因此与结构体数组十分相似，但二者有本质上的区别，下面对两者进行比较。

相同之处：结构体数组中的元素包含相同的成员项；链表中各个节点包含的成员也是相同的。

不同之处有以下 3 点。

（1）在定义结构体数组时，必须确定其包含元素的个数；链表中的节点可以根据求解过程中的实际需要动态地创建，并为其分配存储空间。

（2）结构体数组中元素的地址在内存中是连续的；链表中节点的地址可以是不连续的，通过各个节点的指针部分将所有节点串联起来。

（3）结构体数组可以通过下标或指向数组的指针变量的移动，按顺序或随机地访问数组元素；链表中的节点不便于随机访问，只能从链表的表头节点开始，一个节点一个节点地顺序访问。

8.2.3　链表的基本操作

1. 链表的建立

【例 8.9】编程实现根据用户的要求创建一个链表，并把链表中各个节点的内容显示出来。

```
#include<stdio.h>
#include<stdlib.h>

struct node{
    int data;
    struct node *next;          //定义结构体类型，类型名为 node
};

/*creat 函数实现链表的建立，函数返回值类型为结构体指针型，将创建链表的表头节点 head
返回给主调函数*/
struct node* creat()
{
   struct node *head,*p,*s;         //定义结构体类型指针变量 head、p 和 s
   int num, flag;                   //变量 flag 作为用户是否申请空间的标志
```

```
/*head 作为链表的表头节点。调用 malloc 函数申请 node 类型大小的空间，并将返回值赋给
 head，若返回值为 NULL，则表示申请失败，系统执行 exit 函数结束程序*/
    if((head=(struct node*)malloc(sizeof(struct node)))==NULL)
    {
        printf("分配内存失败");
        exit(0);
    }
   head->data=0;                    //表头节点内容为 0
   head->next=NULL;                 //将表头指针置为空

  p=head;                           //指针 p 指向 head 指针
  printf("请输入 flag 的值，申请空间输入 1、不申请空间输入 0："); //提示语
  scanf("%d",&flag);                //用户输入标志

  while(flag==1)                    //循环语句判断，flag 为 1 表示用户需要申请空间
  {
        /*申请 node 类型大小的空间，将指针 s 指向这块空间*/
        if((s=(struct node*)malloc(sizeof(struct node)))==NULL)
        {printf("分配内存失败");
        exit(0);
        }

      printf("请输入节点的内容：");
      scanf("%d",&num);
      s->data=num;            //为节点 s 赋值
      s->next=NULL;           //将节点 s 的指针置空

      p->next=s;              //把 s 节点与前一节点串联起来
      p=s;                    //p 指向当前节点,注意此语句与上一条语句不能互换顺序!!
      printf("请输入 flag 的值，申请空间输入 1、不申请空间输入 0：");
      scanf("%d",&flag); //再次由用户决定是否继续申请空间
  }
  return head;                //返回表头节点指针 head
  }

  void main()
  { struct node *h,*p,*s;
    h=creat();                //调用 creat 函数建立链表，将 creat 函数的返回值赋给 h
    printf("链表各节点的值依次是：\n");
    p=h;
    while(p->next!=NULL) //利用循环语句输出所有节点的内容
    {
      s=p->next;
      printf("the number is ==>%d\n",s->data);
      p=s;
    }
  }
```

本例程序的运行结果如图 8-9 所示。

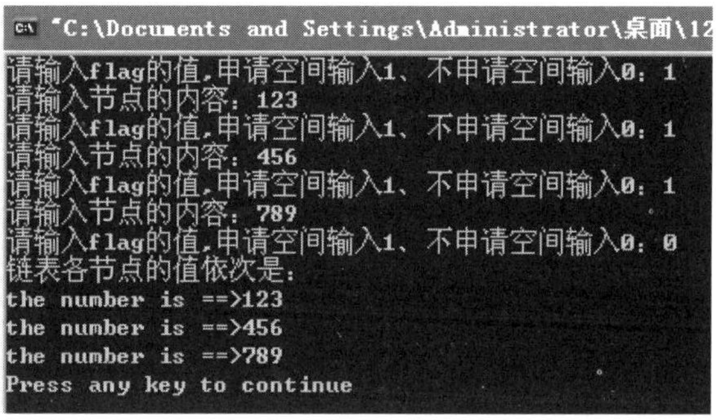

```
"C:\Documents and Settings\Administrator\桌面\12
请输入flag的值,申请空间输入1、不申请空间输入0: 1
请输入节点的内容: 123
请输入flag的值,申请空间输入1、不申请空间输入0: 1
请输入节点的内容: 456
请输入flag的值,申请空间输入1、不申请空间输入0: 1
请输入节点的内容: 789
请输入flag的值,申请空间输入1、不申请空间输入0: 0
链表各节点的值依次是:
the number is ==>123
the number is ==>456
the number is ==>789
Press any key to continue
```

图 8-9　例 8.9 的运行结果

分析：本例展示了建立链表的过程，程序中包含两个函数：creat 函数和 main 函数。creat 函数实现建立链表的功能，首先建立表头节点，然后利用循环语句不断地询问用户是否需要申请空间，若需要则申请，申请成功后为节点赋值（指针部分置空），并与前一节点通过前一节点的指针串联起来；若不需要，则结束循环，链表建立结束。main 函数是程序执行的起始点，调用 creat 函数完成链表的建立工作，然后利用指针依次遍历链表的各个节点，将节点内容进行输出显示。在实际应用中，若预先可以确定链表节点的个数，则可以不必像本例中的 creat 函数那样，不断地询问用户的意向，可以直接利用循环语句控制申请空间的次数，即节点的个数。

2. 链表的查找

前面提到，链表不支持随机访问节点，必须从表头节点开始访问，利用各节点的指针遍历整个链表。因此，链表的查找就是按照这个方法逐一与节点内容进行比较的，若找到了，则输出节点在链表中的位置序号；若没找到，则输出“链表无此数据”的字样。

【例 8.10】编程实现根据用户要求创建一个链表，每个节点存放一个整数，输入需要查找的整数，若找到了，则输出其在链表中的序号；若没找到，则输出“链表无此数据”的字样。

```
#include<stdio.h>
#include<stdlib.h>

struct node{
    int data;
    struct node *next;
};

/*例 8.8 中的 creat 函数，实现链表的建立*/
struct node* creat()
{
   struct node *head,*p,*s;
   int num, flag;
   if((head=(struct node*)malloc(sizeof(struct node)))==NULL)
```

```
  {
     printf("分配内存失败");
     exit(0);
  }
  head->data=0;
  head->next=NULL;
  p=head;
  printf("请输入flag的值，申请空间输入1、不申请空间输入0: ");
  scanf("%d",&flag);
  while(flag==1)
  { if((s=(struct node*)malloc(sizeof(struct node)))==NULL)
       {printf("分配内存失败");
       exit(0);}
    printf("请输入节点的内容: ");
       scanf("%d",&num);
    s->data=num;
    s->next=NULL;
    p->next=s;
    p=s;
       printf("请输入flag的值，申请空间输入1、不申请空间输入0: ");
       scanf("%d",&flag);
  }
  return head;
}

/*search函数实现查找功能，有两个形参：结构体指针h和整型变量num*/
void search(struct node *h,int num)
{ int i;                    //i代表节点在链表中的序号
  int flag=0;               //flag设为是否找到的标志，并赋初始值0
  struct node *p,*s;
  p=h;
  s=p->next;
  for(i=1;s!=NULL;i++)
  {
    if(s->data==num)
    {flag=1;                //在链表中找到数据，置flag为1
     printf("%d是链表第%d个数据\n",num,i);
     }
     p=s;                   //指针p记录下当前s节点的位置
    s=p->next;              //s指向当前节点的下一节点的位置
    if(s!=NULL)continue;    //如果已经找到数据，但没有找完所有节点，则继续寻找是否还有
    else break;             //如果找到的数据已经是链表中的最后一个节点，则结束循环
  }
  if(flag==0)
     printf("链表无此数据");
}
```

```
void main()
{ struct node *h,*p,*s;
  int num;
  h=creat();              //调用 creat 函数建立链表，将 creat 函数的返回值赋给 h
  printf("链表各节点的值依次是：\n");
  p=h;
  while(p->next!=NULL)   //利用循环语句输出所有节点的内容
  {
      s=p->next;
      printf("the number is ==>%d\n",s->data);
      p=s;
  }
  printf("请输入需要查找的数：");
  scanf("%d",&num);
  search(h,num);          //调用 search 函数
}
```

本例程序的运行结果如图 8-10 所示。

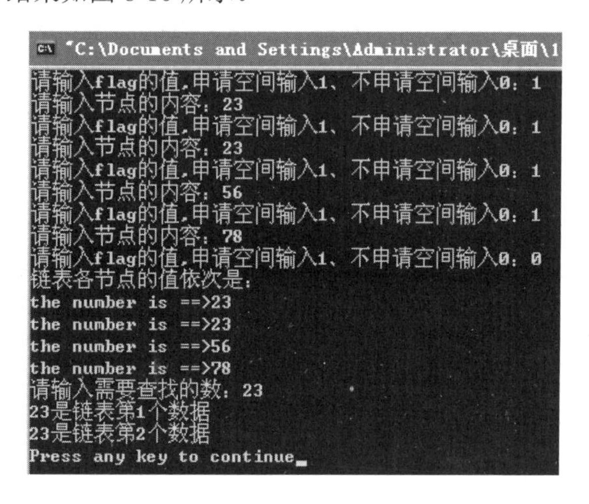

图 8-10　例 8.10 的运行结果

分析：本例展示了链表的查找功能，程序共有 3 个函数：creat 函数、search 函数和 main 函数。main 函数是程序的起始点，先调用例 8.8 中的 creat 函数建立一个链表，再输入需要查找的数据 num，调用 search 函数进行查找。search 函数从链表的表头节点开始依次让节点与 num 进行比较。需要注意的是，如果链表中有多个节点与 num 相同，则需要找出所有的节点。程序中利用了 continue 语句和 break 语句来处理这一情况。

3．链表节点的插入

实现链表节点的插入的具体步骤如下。

（1）建立一个链表。

（2）新节点要插在哪个节点的后面，就把该节点称为标记节点，假设标记节点为*p，输入标记节点的内容。

（3）利用链表查找函数（search 函数）在链表中查找标记节点 p，分为以下 3 种情况。

① 若找到了一个，则为新节点（假设为*new）申请空间，通过以下语句实现插入：

```
new=(struct node *)malloc(sizeof(struct node));
new->next=p->next; //先让新节点的指针记录标记节点的下一节点的位置
p=->next=new;   //标记节点的指针指向新节点。此语句与上一条语句的顺序不能颠倒!!
```

② 若找到了多个，则根据实际要求选择，如选取最后一个作为标记节点 p，之后的操作与①相同。

③ 若没有找到，则选取链表的最后一个节点作为标记节点 p，通过以下语句实现：

```
new=(struct node *)malloc(sizeof(struct node));
p->next=new;
new->next=NULL; //新节点成为链表的最后一个节点，它的指针需要置空，以作为链表结束标志
```

4．链表节点的删除

要删除链表中的节点，应先输入被删除节点的内容，利用查找函数在链表中查找是否存在这一节点，若没有，则说明链表中无此节点；若找到了，则分为以下几种情况。

（1）需要删除的节点是链表的第一个节点。假设节点为 p，那么需要把链表的表头节点 head 指向链表的第二个节点，最后利用 free 函数释放该节点空间。可通过以下语句实现：

```
head->next=p->next;      //表头节点的指针指向链表的第二个节点
free(p);                 //释放节点 p 的空间
```

（2）需要删除的节点是链表的最后一个节点，即尾节点。先把尾节点的前一个节点的指针置空，再释放尾节点空间。可通过以下语句实现：

```
struct node *p1,*p2;
p1=head;                  //p1 指向链表的表头节点
p2=p1->next;              //p2 指向 p1 的下一个节点
/*利用循环语句，从表头节点开始遍历整个链表，直到最后一个节点，循环结束时 p2 代表
  最后一个节点*/
while(p2->next!=NULL)
{
    p1=p2;
    p2=p1->next;          //指针移动，p2 始终指向 p1 的下一个节点
}
p1->next=NULL;            //将 p2 的前一个节点 p1 的指针置空，以作为链表的结束标志
free(p2);                 //释放节点 p2 的空间
```

（3）删除其他任一节点。使被删除节点 p2 之前的那个节点 p1 中的 next 指针变量指向 p2 之后的节点，然后利用 free 函数来释放内存空间。可通过以下语句实现：

```
struct node *p1,*p2; //p2 是被删除节点，p1 是 p2 的前一个节点
p1->next=p2->next;
free(p2);
```

通过以上的介绍，大家可以尝试编写程序实现链表的插入、删除节点的功能。

8.3 共　用　体

前面讲述的结构体是将不同数据类型的变量作为成员项组合在一起构成的一个新的结构体类型，各个成员项拥有自己独立的内存空间，结构体类型所占内存空间的大小等于各成员项所占内存空间之和。本节讲述的共用体也是将不同数据类型的变量作为成员项组合在一起构成的一个新的共用体类型，但各成员项没有独立的内存空间，而是共用一个内存空间，并以成员项中所需空间最大的变量所占内存空间的大小作为共用体空间的大小。

8.3.1 共用体类型与共用体变量的定义

1. 共用体类型的定义

与结构体类型的定义类似，共用体类型的定义格式为：

```
union 共用体类型名{
    数据类型 成员名1;
    数据类型 成员名2;
        ⋮
    数据类型 成员名n;
};
```

可以看出，共用体类型与结构体类型的定义在形式上非常相似，只是关键字不再是 struct，而是 union。

2. 共用体变量的定义

定义了共用体类型，就可以用该类型定义共用体变量了。与结构体定义变量的形式类似，共用体变量的定义形式有以下几种。

（1）先定义共用体类型，再定义共用体变量。例如：

```
union num{              //共用体类型名为num
    char ch;
    int a;
    float f;
    };
union num data;         //定义共用体变量data
```

（2）在定义共用体类型的同时定义共用体变量。例如：

```
union num{
    char ch;
    int a;
    float f;
    }data,*p;           //定义了共用体变量data和共用体指针p
```

（3）直接定义共用体变量，省略类型名。例如：

```
union {
    char ch;
    int a;
```

```
    float f;
    }data,*p;
```

8.3.2 共用体变量的引用和初始化

1. 共用体变量的引用

与结构体内部成员项的引用方式相同，在定义了共用体变量后，对其各成员项的引用也有以下 3 种形式。

（1）“共用体变量名.成员名”形式。

例如：

```
union num{          //共用体类型名为 num
    char ch;
    int a;
    float f;
    };
    union num data,*p;
```

其引用方式为 data.ch、data.a、data.f。

（2）“共用体指针变量名－>成员名”形式。例如，上例定义的共用体指针 p：

```
p=&data;
```

其引用方式为 p->ch、p->a、p->f。

（3）“(*共用体指针变量名).成员名”形式的引用方式为(*p).ch、(*p).a、(*p).f。

说明：

（1）由于共用体变量的所有成员项共享内存空间，因此所有成员项的首地址相同，此地址也是共用体变量的首地址。

（2）由于共用体变量的所有成员共享内存空间，因此在任意时刻，只有一个成员项是有效的，其他成员项无效。例如，执行下面的语句：

```
data.ch='a';
data.a=3;
data.f=1.26;
```

只有 data.f 是有效的，值为 1.26，其他成员项的值均被覆盖。

2. 共用体变量的初始化

共用体变量由于其各成员项共享内存空间，因此在初始化时只允许为第一个成员项赋值。例如：

```
union num{                  //共用体类型名为 num
    char ch;
    int a;
    float f;
    };
union num data={'A'};    //初始化，只为第一个成员项赋初始值
```

【例 8.11】共同体变量引用示例。

```
#include<stdio.h>
```

```
union  num{
    unsigned int n;
    char c;
};

void main()
{
    union  num data;
    data.n=97;
    data.c='A';
    printf("n=%d,c=%c\n",data.n,data.c);
}
```

运行结果：

```
n=65,c=A
```

分析：本例展示了共同体变量在引用其内部成员项时，最后一次赋值操作把之前所有的赋值全部覆盖了，由于成员项共享同一内存空间，因此程序最后输出的两个成员项的值是相同的，只是输出 data.n 的控制符是%d，输出的是'A'的 ASCII 码值 65；输出 data.c 的控制符是%c，输出的是字符'A'。

8.4　枚举类型

1. 枚举类型的定义

枚举就是一一列举，将所有可能的值集合在一起，构成一个枚举类型。枚举类型的定义格式为：

```
enum 枚举类型名{取值表};
```

其中，enum 是定义枚举类型的关键字；取值表中的各个取值也称枚举元素，用逗号分隔。例如：

```
enum week{ sun,mon,tue,wed,thu,fri,sat };
```

其中，week 是枚举类型名；花括号中各个标识符是构成该类型的枚举元素。

2. 枚举变量的定义

定义枚举类型后，就可以定义该类型的变量了。类似前面讲述的结构体、共用体，定义枚举类型变量的方式也有以下 3 种。

（1）先定义枚举类型，再定义枚举变量。例如：

```
enum week{ sun,mon,tue,wed,thu,fri,sat };   //定义枚举类型 week
enum week date;                             //定义枚举变量 date
```

（2）在定义枚举类型的同时定义枚举变量。例如：

```
enum week{ sun,mon,tue,wed,thu,fri,sat } date;
```

（3）直接定义枚举变量，省略枚举类型名。

例如：

```
enum { sun,mon,tue,wed,thu,fri,sat } date;
```

说明：

（1）取值表中的各个枚举元素也称枚举常量，每个枚举元素都表示一个整数值（称为序号），系统默认它们依次是 0，1，…，n-1。例如：

```
enum week{sun,mon,tue,wed,thu,fri,sat};
```

在系统默认的情况下，第 1 个枚举元素代表 0，第 2 个枚举元素代表 1，其他枚举元素的值依次递增 1，如上例中 sun=0，mon=1 等。此外，程序员也可以自行设定各枚举元素对应的序号，例如：

```
enum week{sun=7,mon=1,tue=2,wed=3,thu=4,fri=5,sat=6};
```

（2）枚举元素是常量而不是变量，因此不能为枚举元素赋值。例如，下面的语句都是不合法的：

```
enum week{sun,mon,tue,wed,thu,fri,sat};
wed=3;          //不合法
sat=6;          //不合法
```

注意与设定枚举元素对应序号操作相区分，设定序号是在花括号中完成的。

3．枚举变量的引用

枚举变量定义后，其值只能在该类型枚举元素中选取。例如：

```
enum week{sun,mon,tue,wed,thu,fri,sat}date;
date=(enum week)3; //3 表示枚举元素的序号，程序员没有设定，系统默认从 0 开始
```

相当于：

```
date=wed;
```

【例 8.12】从键盘上输入一个整数，显示与该整数对应的枚举元素的英文名。

```
#include<stdio.h>
enum week{sun,mon,tue,wed,thu,fri,sat}; //定义枚举类型
void main()
{
  enum week day;                        //定义枚举变量 day
  int i;
  printf("input i:");
  scanf("%d",&i);
  day=(enum week)i;
  switch(day)
  {
    case sun: printf("sun ");break;
    case mon: printf("mon ");break;
    case tue: printf("tue ");break;
    case wed: printf("wed ");break;
    case thu: printf("thu ");break;
    case fri: printf("fri ");break;
    case sat: printf("sat ");break;
    default: printf("input error");
```

```
            break;
        }
    }
```

运行结果：

```
    input i:3↙
         wed
```

8.5　typedef 类型声明

关键字 typedef 的作用是为一个已经定义的数据类型取一个别名，其格式为：

```
    typedef 类型名 1 类型名 2;
```

其中，类型名 1 为系统提供的标准类型名（如 int、float、char 等），或是已定义的其他类型名（如结构体类型、共同体类型、枚举类型）；类型名 2 为程序员为类型 1 自定义的别名，目的是简化程序中的类型名。例如：

```
    typedef int  ABC;  //给 int 类型取别名为 ABC
```

则定义变量：

```
    ABC n;
```

等价于：

```
    int n;
```

又如：

```
    typedef struct student{
                        char name[10];
                        int age;
                        }stu;
```

以上定义，相当于给类型名 struct student 取了别名 stu，因此，在程序中可使用 stu 替代 struct student 进行变量定义。例如：

```
    stu stu1, stu2, *p;
```

等价于：

```
    struct student stu1, stu2, *p;
```

注意：typedef 只用于为数据类型定义别名，不能用来定义变量。

习　　题

8-1　有以下定义：

```
    struct student{char name[9];int age;};
       struct student stu[10]={"Ann",17,"John",19,"Mary",18,"Linda",16,};
```

根据上述定义，能输出字母 M 的语句是（　　）。

A．printf("%c\n",stu[3].name)；　　B．printf("%c\n",stu[3].name[1])；

C．printf("%c\n",stu[2].name[1])；　　D．printf("%c\n",stu[2].name[0])；

8-2　有以下程序：

```
#include <stdio.h>
struct STU{
     char num[10];
     float score[3];
   };
void main()
{
    struct STU s[3]={{"120021",85,90,85},{"120022",95,80,75},
                     {"120023",100,95,90}};
    struct STU *p=s;
    int i; float sum=0.0;
    for(i=0;i<3;i++)
    sum=sum+p->score[i];
    printf("%6.2f\n",sum);
}
```

则程序运行后的输出结果是（　　）。

A．260.00　　B．270.00　　C．280.00　　D．285.00

8-3　若有下列定义：

```
union  un
{
    int num;
    char *name;
}u;
```

则下列叙述不正确的是（　　）。

A．union 是关键字　　B．name、num 是共用体成员名

C．u 为共用体类型名　　D．un 为共用体类型名

8-4　若要说明一个类型名 STP，使得定义语句“STP s;”等价于“int *s;”，则以下选项中正确的是（　　）。

A．typedef STP int *s;　　B．typedef *int STP;

C．typedef STP *int;　　D．typedef int* STP;

8-5　若有以下定义：

```
union{
        int  k;
        char i;
        }a;
```

则以下描述错误的是（　　）。

A．i 和 k 两个成员项不可以同时存在

B．成员项 k 所占内存数即 a 所占内存数

C．a 与它的各成员项占用同一地址

D．可以对变量 a 的所有成员项进行初始化

8-6 以下程序的运行结果是（　　）。

```
#include<stdio.h>
struct data{
        int x;
        int *y;};
void main()
{   struct data *p,a[3];
    int i,n=1;
    for(i=0;i<3;i++)
    {
        a[i].x=n;
        a[i].y=&(a[i].x);
        n+=1;
    }
    p=a+1;
    printf("%d\n",*p->y);
}
```

8-7 以下程序的运行结果是（　　）。

```
#include<stdio.h>
typedef struct data{
        int a, b, c;
        }d;
void main()
{   d num[]={{1,2,3},{4,5,6}};
    int s;
    s=num[0].c+num[1].a;
    printf("s=%d \n",s);
}
```

8-8 以下函数 creat 建立了一个带表头节点的单链表，新的节点总是插入链表的末尾，函数返回表头指针，链表最后一个节点的指针 next 置空（NULL），以作为链表的结束标志。在读入时，以字符'#'表示输入结束（#不存入链表），请填空。

```
struct node {
                char data;
                struct node * next;
            };
__(1)__creat( )
{
    struct node * h,* s,* r;
    char ch;
    h=(struct node *)malloc(sizeof(struct node)) ;
    r=h;
    ch=getchar( ) ;
    while(ch!='#')
    {
        s=(struct node *)malloc(sizeof(struct node)) ;
```

```
            s->data=  (2)  ;
            r->next=s; r=s;
            ch=getchar( ) ;
        }
        r->next=  (3)  ;
        return h;
    }
```

8-9　定义一结构体类型worker，包含以下信息：姓名、年龄、性别、进厂日期。编写print函数，实现打印一位工人信息的功能。用主函数建立一个数组，保存工人信息，完成输入工人信息的工作，并调用print函数输出工人信息。

提示：①在定义结构体类型时，采用嵌套定义，将成员项进厂日期也定义为结构体类型；②数组的大小可以利用宏定义（如#define M 50）预设一个较大的范围，实际人数由用户输入，输入值应小于预设的数组大小。

8-10　试用单链表取代数组实现习题8-9的功能。

提示：建立链表时可以参考书中的例题，询问用户是否还需要输入工人信息，动态地输入工人信息，无须事先预设工人的人数。

本章知识点测验（扫一扫）

第9章 文　　件

文件是指存储在计算机外部存储介质中的一组数据的集合。外部存储介质就是移动硬盘、计算机硬盘、光盘等。计算机操作系统也是以文件作为基本的操作单位的。本书前面编写的程序在运行时，程序中定义的变量或程序的运行结果都是暂时保存在计算机内存空间中的，一旦程序运行结束，这些数据所占的空间就会被释放，即这些数据就消失了。对于需要长期保存的数据，必须以文件的形式存储在外部存储介质中。

每种高级语言都有其自身的文件处理系统，本章主要讲述 C 语言中文件的概念及处理系统。

9.1 文 件 概 述

虽然每种语言都有其自身的文件处理系统，但有一点是相同的，那就是为了区分不同的文件，必须给每个文件取一个名字，即文件名，它的格式为：

```
文件名.[扩展名]
```

其中，扩展名是按类别命名的；在处理文件时通过文件名来找寻文件。

C 语言把文件分为以下两种类型。

（1）文本文件：又称 ASCII 码文件，该类文件在存放数据时以字节为单位，一个字节存放一个 ASCII 码，一个 ASCII 码代表一个字符。可见，文本文件就是一组有序的字符，其文件扩展名为 txt。

（2）二进制文件：以原始的二进制形式直接存放，不进行任何转换，其文件扩展名为 bin。

因此，程序员在编写处理文件的程序时，文件名不仅起定位文件的作用，还需根据文件的类型选择相应的处理方式。

9.2 文件的基本操作

无论何种文件系统，在对文件进行操作时，都是按照以下步骤进行的。

第一步：打开文件。

第二步：处理文件。

第三步：关闭文件。

C语言是利用系统提供的库函数来实现对文件的操作的，程序中只需包含头文件stdio.h就可直接使用这些库函数了。在处理文件之前，需要定义文件指针，其定义格式为：

```
FILE *指针变量名;
```

例如：

```
FILE *fp;
```

其中，FILE是系统定义的结构体类型，要求大写。

9.2.1 文件的打开

要处理文件，就必须先打开文件，C语言通过调用fopen函数完成对文件的打开操作，其函数原型是：

```
FILE *fopen("文件名","操作方式");
```

若打开文件成功，则函数返回一个文件指针；若打开失败，则返回NULL。

在编程时，常采用以下方式来判断是否成功打开了文件：如果打开成功，则指针fp指向文件开头；如果打开失败，即fopen函数返回的是NULL，则利用语句“exit(0);”结束程序。例如：

```
FILE *fp; //定义一个文件指针 fp
if((fp=fopen("文件名","操作方式"))==NULL)
{   printf("cannot open file!");
    exit(0);
}
```

其中，文件名是要打开的文件的名字，是一个字符串，应该包含机内存储路径说明；操作方式是指对打开文件的访问方式。文件操作方式及其含义如表9-1所示。

表9-1 文件操作方式及其含义

操作方式	处理方式	打开文件不存在时	打开文件存在时
r	只读（文本文件）	出错	正常打开，指针指向文件首部
w	只写（文本文件）	建立新文件	文件原有内容丢失（被清空）
a	追加（文本文件）	建立新文件	在文件原有内容后面追加
rb	只读（二进制文件）	出错	正常打开，指针指向文件首部
wb	只写（二进制文件）	建立新文件	文件原有内容丢失（被清空）
ab	追加（二进制文件）	建立新文件	在文件原有内容后面追加
r+	读/写（文本文件）	出错	正常打开，指针指向文件首部
w+	写/读（文本文件）	建立新文件	文件原有内容丢失（被清空）
a+	读/追加（文本文件）	建立新文件	在文件原有内容后面追加
rb+	读/写（二进制文件）	出错	正常打开，指针指向文件首部
wb+	写/读（二进制文件）	建立新文件	文件原有内容丢失（被清空）
ab+	读/追加（二进制文件）	建立新文件	在文件原有内容后面追加

【例9.1】编写程序实现以只读方式打开计算机D盘内的文件file.txt。

```
#include<stdio.h>
```

```
#include<stdlib.h>
void main()
{
    FILE *fp;
    if((fp=fopen("D:\\file.txt","r"))==NULL)
        {printf(" cannot open the file\n");
         exit(0);
        }
}
```

分析：本例需要打开的文件存储在 D 盘内，因此，在打开文件时，文件名一定要写明路径，如程序中的 D:\\file.txt。文件的扩展名为 txt，即文本文件，并要求以只读方式打开，因此打开文件的操作方式为 r。在实际应用时，可能需要打开多个文件。需要注意的是，一个 fopen 函数只能打开一个文件，一个指针对应一个文件。

9.2.2　文件的关闭

文件处理结束必须关闭文件，C 语言通过调用 fclose 函数完成关闭文件的操作，其函数原型为：

```
int fclose(fp);
```

其中，fp 为文件指针类型，是在打开文件时获得的。如果文件关闭成功，则返回 0；否则返回-1。

【例 9.2】编写程序以关闭一个已经打开的文件。

```
#include<stdio.h>
#include<stdlib.h>
void main()
{
    FILE *fp;
    int i;
    if((fp=fopen("D:\\file.txt","r"))==NULL)     //打开指定的文件
        {printf(" cannot open the file\n");
        exit(0);
        }
    i=fclose(fp);                                //关闭打开的文件
    if(i==0)
        printf("OK");                            //表示成功关闭
    else
        printf("file close error");
}
```

分析：本例关闭文件时的指针 fp 就是打开文件时获得的指针，在实际应用时可能会打开多个文件，一个指针对应一个文件。在关闭时，一个 fclose 函数也只能关闭一个文件。另外，在实际编程中使用 fclose 函数时，往往无须像本例这样判断函数的返回值，直接使用语句“fclose(fp);”即可。

9.2.3 文件的读/写操作

文件的读操作是指通过程序从外部存储介质存储的文件中读出数据的过程，程序每调用一次相应的读函数，文件的读指针就会自动移到下一次读的位置；文件的写操作是指通过程序将数据写入外部存储介质存储的文件中的过程，程序每调用一次相应的写函数，文件的写指针就会自动移到下一次写的位置。

1. 文件的读函数

下面依次介绍 fgetc 函数、fgets 函数、fscanf 函数和 fread 函数。

1）fgetc 函数（字符的读操作）

fgetc 函数的原型为：

```
int fgetc(FILE *fp);
```

fgetc 函数的功能：从文件指针 fp 指定的文件中读取一个字符。若操作成功则返回该字符，若操作失败则返回 EOF（EOF 的值为–1，是文件的结束标志）。

【例 9.3】编写程序，实现将 D 盘上的文件 file.txt 的内容显示在显示屏上。

```
#include<stdio.h>
#include<stdlib.h>
void main()
{
    FILE *fp;
    char ch;
    if((fp=fopen("D:\\file.txt","r"))==NULL) //以只读方式打开指定文件
        {printf(" cannot open the file\n");
         exit(0);
        }
    ch=fgetc(fp);                          //从文件中读取一个字符并存放到变量ch中
    while(ch!=EOF)                         //EOF 是文件的结束标志
                                           //此处作为循环语句的结束标志
    {
        putchar(ch);                       //将变量 ch 的值输出到显示屏上
        ch=fgetc(fp);                      //从文件中读取一个字符并保存在变量ch中
    }
    fclose(fp);                            /*关闭打开的文件*/
}
```

如果用上述方法处理二进制文件则有可能出错，因为程序中利用 EOF 作为循环控制条件，EOF 的值是–1，文本文件中不会有–1，而二进制文件中则可以出现–1，但文件并没有结束，所以此时就会出现文件没有结束但被判断结束的情况。因此，在对二进制文件进行读操作时，应采用 feof(fp)函数来判断文件是否结束。该函数也可以用于判断文本文件是否结束，如果文件结束，则 feof(fp)函数返回 1；否则返回 0。

因此，在对例 9.3 程序中的循环语句部分进行如下修改后，程序将不仅适用于对文本文件进行读操作，还适用于对二进制文件进行读操作：

```
/*若文件没有结束，则函数 feof(fp)的返回值是 0，!(feof(fp))为 1（真），循环继续
  执行*/
while(!(feof(fp)))
{   putchar(ch);
    ch=fgetc(fp);
}
```

视频讲解（扫一扫）：例 9.3

2）fgets 函数（字符串的读操作）

fgets 函数的原型为：

```
char *fgets(char *string,int n,FILE *fp);
```

fgets 函数的功能：从文件指针 fp 指向的文件中读取 1 行或(n−1)个字符到字符串 string 中，当遇到换行符或已读取(n−1)个字符时，停止读操作，并在字符串 string 的最后加上一个字符串结束标志'\0'。若操作成功，则返回字符串 string 的首地址；若读到文件尾或出错，则返回空指针 NULL。需要注意的是，之所以读取(n−1)个字符，是需要留一位放置字符串结束标志'\0'。此外，当遇到换行符时，读操作结束，但将保留换行符，即换行符被读取并保存在字符串 string 中。

3）fscanf 函数（格式化的读操作）

fscanf 函数的原型为：

```
int fscanf(FILE *fp,char *format,[argument,…]);
```

fscanf 函数的功能：从文件指针 fp 指向的文件中按 format 规定的格式把数据读入 argument 等数据变量的地址中。其中，format 参数的格式与 scanf 函数中的控制格式是相同的。实际上，fscanf 函数和 scanf 函数在用法上基本相同，区别在于 scanf 函数从输入设备（如键盘）读入数据，而 fscanf 函数从文件中读入数据。

例如，将 fp 指向文件的数据送入 a 和 b 中，实现语句如下：

```
fscanf(fp,"%d,%f",&a,&b);
```

上述程序将文件中当前指针位置的整型数据读出并保存到整型变量 a 中，将实型数据保存到实型变量 b 中。在使用 fscanf 函数时，要注意格式字符与数据的一致性。

4）fread 函数（数据块的读操作）

fread 函数的原型为：

```
int fread(buffer,size,count,fp);
```

fread 函数的功能：用于二进制文件的读操作，从文件指针 fp 指向的文件中读取 count 个数据项，每个数据项的字节数为 size，存放到以 buffer 为首地址的缓冲区内。若操作成功，则返回所读数据项的个数；若操作失败则返回 0。其中，size 不能是任意值，而应是读取数据所属数据类型占用内存的字节数。例如，在 16 位控制系统下，若读取的数据是 int

型则 size 为 2，若读取的数据是 char 型则 size 为 1；在 32 位控制系统下，若读取的数据是 int 型则 size 为 4；若读取的数据是 char 型则 size 为 2。

例如，在 16 位控制系统下，利用 fread 函数，从 fp 指定文件中读入 4 个整型数据，语句如下：

```
int x[4];              //定义一个整型数组，用于存放读取的数据，数组名 x 就是首地址
fread(x,2,4,fp);       //x 是存放数据的首地址；整型类型 size 为 2；4 个数据
```

2. 文件的写函数

下面依次介绍 fputc 函数、fputs 函数、fprintf 函数和 fwrite 函数

1）fputc 函数（字符的写操作）

fputc 函数的原型为：

```
int fputc (char ch,FILE *fp);
```

fputc 函数的功能：把单个字符 ch 写到文件指针 fp 指向的文件中。若操作成功，则返回写入的字符；若出错则返回 EOF。

【例 9.4】 通过键盘输入一串字符，以'*'结束，并将输入的字符写到 D 盘的 file.txt 文件中。

```
#include <stdio.h>
void main()
{ char ch;
  FILE *fp;
  fp=fopen("D:\\file.txt","w");        //以只写的方式打开指定文件
  ch=getchar();                        //允许键入一个字符，并赋值给变量 ch
   while(ch!='*')                      //循环控制条件
    {fputc(ch,fp);                     //将 ch 写入 fp 指向的文件中
     ch=getchar();
    }
    fclose(fp);                        //关闭文件
}
```

视频讲解（扫一扫）：例 9.4

2）fputs 函数（字符串的写操作）

fputs 函数的原型为：

```
int fputs(char *string,FILE *fp);
```

fputs 函数的功能：将 string 指向的字符串写入文件指针 fp 所指的文件中。若操作成功，则返回 0；若操作失败，则返回文件结束标志 EOF（值为-1）。需要注意的是，字符串的结

束标志'\0'不被写入文件中。因此，为了在以后读取时仍能区分各个字符串，往往在每写入一个字符串到文件后，就用语句“fputs("\n",fp);”在每个字符串后加一个换行符'\n'，并一起存入文件中。

3）fprintf 函数（格式化的写操作）

fprintf 函数的原型为：

```
int fprintf(FILE *fp,char *format,[argument,……]);
```

fprintf 函数的功能：按 format 规定的格式把数据写入文件指针 fp 所指的文件中。其中，format 参数的含义与 printf 函数中 format 参数的含义是相同的。实际上，fprintf 函数和 printf 函数在用法上基本相同，区别在于 printf 函数是向控制台（如显示屏）输出数据，而 fprintf 函数是向文件中输出数据。

例如，将变量 x 和 y 的值分别按%d 和%f 的格式输出到由 fp 指定的文件中：

```
int x=5;
float y=1.68;
fprintf(fp,"%d,%f",x,y);
```

4）fwrite 函数（数据块的写操作）

fwrite 函数的原型为：

```
int fwrite(buffer,size,count,fp);
```

fwrite 函数的功能：用于二进制文件的写操作，将 buffer 指向的内存区域中的 count 个数据项（每个数据项的长度为 size）写入文件指针 fp 所指的文件中。若操作成功，则返回写入的数据项的个数；若出错或遇到文件末尾则返回 NULL。

【例 9.5】 编写程序，实现从键盘上输入 10 个整数，并将其存入 D:\\file.bin 文件中，再将文件中的 10 个数读取并显示在显示屏上（运行环境为 32 位控制系统）。

```
#include<stdio.h>
#include<stdlib.h>
void main()
{
        FILE *fp;
    int a[10],b[10],i;
    printf("请输入 10 个数：\n");
    for(i=0;i<10;i++)
    scanf("%d",&a[i]);                      //输入 10 个整数并保存在数组 a 中
    fp=fopen("D:\\file.bin","wb");          //以只写的方式打开二进制文件
    fwrite(a,4,10,fp);          //将 10 个整型数据写入文件指针 fp 指向的文件中
    fclose(fp);                 //关闭文件
    if((fp=fopen("D:\\file.bin","rb"))==NULL)//以只读的方式打开二进制文件
        {printf("cannot open the file!");
     exit(0);
     }
    fread(b,4,10,fp); //从文件指针 fp 指向的文件中读取 10 个整型数据并保存在数组 b 中
    printf("\n 文件中的 10 个数是：\n");
```

```
        for(i=0;i<10;i++)
        printf("%d ",b[i]);  //将数组 b 中的数据输出，验证是否被正确写入了文件中
        fclose(fp);          //关闭文件
    }
```

本例程序的运行结果如图 9-1 所示。

```
"C:\Documents and Settings\Administrator\桌面\t
请输入10个数:
1 2 3 4 5 6 7 8 9 10

文件中的10个数是:
1 2 3 4 5 6 7 8 9 10 Press any key to continue
```

图 9-1　例 9.5 的运行结果

9.3　文件的定位

在对文件进行读/写操作时，有一个指明当前读/写位置的指针，称为文件位置指针。在使用 fopen 函数打开一个文件时，该指针指向文件的首部，每进行一次读/写操作，位置指针都会自动发生变化。C 语言系统也为程序员提供了可以定位文件位置指针的定位函数，从而可以解决实际读操作时可能只读取文件某一指定部分的问题。下面依次介绍 rewind 函数、fseek 函数和 ftell 函数。

1. rewind 函数（位置重置函数）

rewind 函数的原型为：

```
    void rewind(FILE *fp);
```

rewind 函数的功能：使文件的读/写位置指针移到文件的首部，若操作成功则返回 0，否则返回其他值。

在实际应用中，若对某一文件进行多次读/写操作后需要重新读/写该文件，则可以采“先关闭文件再打开文件”的方式。而使用 rewind 函数，可以在不关闭文件的情况下将位置指针返回到文件的首部，达到重新读取文件的目的，显然这样更简单、效率更高。

2. fseek 函数（随机定位函数）

fseek 函数的原型为：

```
    int fseek(FILE *fp,long offset,int base);
```

其中，fp 是已经打开文件的指针；offset 是以字节为单位的位移量；base 指示位移量 offset 是以什么位置作为基准点开始计算的，其取值如下。

（1）SEEK_SET：以文件开始的位置为基准点开始计算，此时 base 代表的值为 0。

（2）SEEK_CUR：以文件的当前位置为基准点开始计算，此时 base 代表的值为 1。

（3）SEEK_END：以文件的末尾为基准点开始计算，此时 base 代表的值为 2。

通过该函数可以对文件进行随机定位，以保证对文件进行随机读/写的可能性。

3. ftell 函数（定位当前位置函数）

ftell 函数的原型为：

```
long ftell(FILE *fp);
```

其调用形式为：

```
len=ftell(fp); //将当前位置指针的位置赋给长整型变量 len
```

ftell 函数的功能：返回当前文件位置指针的位置，常用于保存当前文件指针的位置。

习　　题

9-1　下列关于 C 语言数据文件的叙述中正确的是（　　）。

A．文件由 ASCII 码字符序列组成，C 语言只能读/写文本文件

B．文件由二进制数据序列组成，C 语言只能读二进制文件

C．文件由记录组成，可按数据的存储方式分为二进制文件和文本文件

D．文件由数据流组成，可按数据存储方式分为二进制文件和文本文件

9-2　若要打开 E 盘上 user 子目录下名为 file.txt 的文本文件，并进行读/写操作，下面符合此要求的函数调用是（　　）。

A．fopen("E:\user\file.txt","r")　　B．fopen("E:\\user\\file.txt","r+")

C．fopen("E:\user\file.txt","rb")　　D．fopen("E:\\user\\file.txt","w")

9-3　在 C 程序中，可把整型数以二进制形式存放到文件中的函数是（　　）。

A．fprintf 函数　　B．fread 函数　　C．fwrite 函数　　D．fputc 函数

9-4　已知函数的调用形式为 fread(buffer,size,count,fp)，则其中 buffer 代表的是(　　)。

A．一个整型变量，代表要读入的数据项总数

B．一个文件的指针，指向要读的数据

C．一个指针，指向要读入的数据的存放地址

D．一个存储区，存放要读的数据项

9-5　若文件 d://file1.txt 中的内容为 How are you!，则以下程序的运行结果是（　　）。

```
#include<stdio.h>
#include<stdlib.h>
void main()
{
 FILE *fp;
   char str[20];
      if((fp=fopen("d://file1.txt","r"))==NULL)
      { printf("cannot open file!");
        exit(0);
      }
 fgets(str,6,fp);
 printf("%s\n",str);
 fclose(fp);
}
```

9-6　以下程序的运行结果是（　　）。

```
#include <stdio.h>
void main()
{
    FILE *fp;
    int i=10,k;
    float j=15.8,n;
    fp=fopen("d:\\file1.txt","w");
    fprintf(fp,"%d\n",i);
    fprintf(fp,"%f\n",j);
    fclose(fp);
    fp=fopen("d:\\file1.txt","r");
    fscanf(fp,"%d%f",&k,&n);
    printf("%d,%f\n",k,n);
    fclose(fp);
}
```

9-7　请补全以下程序。实现功能：从键盘上输入一个字符串，把该字符串中的小写字母转换为大写字母，然后输出到文件 test.txt 中，再从该文件读取该字符串并显示出来。

```
#include<stdio.h>
#include<stdlib.h>
void main()
{
    FILE *fp;
    char str[100];
    int i=0;
    if((fp=fopen("test.txt",____(1)____))==NULL)
    {
        printf("can not open the file:\n");
        exit(0);
    }
    printf("input string:\n");
    gets(str);
    while(str[i])
    {
        if(str[i]>='a'&&str[i]<='z')
        str[i]=____(2)____;
        fputc(str[i],fp);
        i++;
    }
    fclose(fp);
    fp=fopen("test.txt",__(3)__);
    fgets(str,100,fp);
    printf("%s\n",str);
    fclose(fp);
}
```

9-8　编程实现以下功能：在计算机 D 盘下创建两个文件 file1.txt 和 file2.txt，各自存放一个字符串，以'#'作为结束标志，然后将文件 file2.txt 中的字符串连接在文件 file1.txt 中的字符串后并一起放入 D 盘下的文件 file3.txt 中，要求合并后的字符串只保留最后一个结束标志'#'。

本章知识点测验（扫一扫）

附录 A　常用字符与 ASCII 码值对照表

常用字符与 ASCII 码值对照表如表 A-1 所示。

表 A-1　常用字符与 ASCII 码值对照表

ASCII 码值	字符	ASCII 码值	字符	ASCII 码值	字符	ASCII 码值	字符
0	NULL（空）	32	space（空格）	64	@	96	`（开单引号）
1	SOH（标题开始）	33	!	65	A	97	a
2	STX（正文开始）	34	"	66	B	98	b
3	ETX（正文结束）	35	#	67	C	99	c
4	EOT（传输结束）	36	$	68	D	100	d
5	ENQ（询问字符）	37	%	69	E	101	e
6	ACK（收到通知）	38	&	70	F	102	f
7	BEL（报警）	39	'（闭单引号）	71	G	103	g
8	BS（退格）	40	（	72	H	104	h
9	HT（水平制表符）	41	）	73	I	105	i
10	LF（换行）	42	*	74	J	106	j
11	VT（垂直制表符）	43	+	75	K	107	k
12	FF（换页）	44	,（逗号）	76	L	108	l
13	CR（回车）	45	-（减号）	77	M	109	m
14	SO（移位输出）	46	.	78	N	110	n
15	SI（移位输入）	47	/	79	O	111	o
16	DLE（数据链路转义）	48	0	80	P	112	p
17	DC1（设备控制 1）	49	1	81	Q	113	q
18	DC2（设备控制 2）	50	2	82	R	114	r
19	DC3（设备控制 3）	51	3	83	S	115	s
20	DC4（设备控制 4）	52	4	84	T	116	t
21	NAK（否定）	53	5	85	U	117	u
22	SYN（空转同步）	54	6	86	V	118	v
23	TB（信息组传送结束）	55	7	87	W	119	w
24	CAN（作废）	56	8	88	X	120	x
25	EM（纸尽）	57	9	89	Y	121	y
26	SUB（换置）	58	:	90	Z	122	z
27	ESC（换码）	59	;	91	[	123	{
28	FS（文字分隔符）	60	<	92	\	124	|
29	GS（组分隔符）	61	=	93	]	125	}
30	RS（记录分隔符）	62	>	94	^	126	~
31	US（单元分隔符）	63	?	95	_（下画线）	127	DEL（删除）

注：本表给出的是 7 位码的标准形式，定义了 128(0～127) 个数字所代表的字符。

附录B　运算符的优先级及结合性

运算符的优先级及结合性如表B-1所示。

表B-1　运算符的优先级及结合性

优 先 级	运 算 符	名　　称	结 合 方 向
1（最高）	( ) [ ] –> ·	圆括号 下标运算符 指针结构成员运算符 结构成员运算符	自左至右
2	! ~ ++ -- – （类型） * & sizeof	逻辑非运算符 按位取反运算符 增1运算符 减1运算符 负号运算符 类型转换运算符 间接访问运算符 取地址运算符 长度运算符	自右至左
3	* / %	乘法运算符 除法运算符 取模运算符	自左至右
4	+ –	加法运算符 减法运算符	自左至右
5	<< >>	左移运算符 右移运算符	自左至右
6	<　<=　>　>=	关系运算符	自左至右
7	= = !=	等于运算符 不等于运算符	自左至右
8	&	按位与运算符	自左至右
9	^	按位异或运算符	自左至右
10	|	按位或运算符	自左至右
11	&&	逻辑与运算符	自左至右
12	||	逻辑或运算符	自左至右
13	?:	条件运算符	自右至左
14	=　+=　–=　*=　/= %=　>>=　<<=　&=　^ =　|=	赋值运算符	自右至左
15（最低）	,	逗号运算符	自左至右

附录 C　常用库函数

VC++编译器提供了大量的库函数。在程序中用到库函数时，必须包含相应的头文件。有关 VC++提供的所有库函数请查阅有关手册。本附录仅列出常用的库函数。

1．数学函数

在使用数学函数时，应在源文件中包含头文件 math.h。常用的数学函数如表 C-1 所示。

表 C-1　常用的数学函数

函 数 原 型	功　　能	返　回　值
int　abs(int x)	求整数的绝对值	绝对值
double acos(double x);	计算 arccos x 的值，其中−1≤x≤1	计算结果
double asin(double x);	计算 arcsin x 的值，其中−1≤x≤1	计算结果
double atan(double x);	计算 arctan x 的值	计算结果
double atan2(double x, double y);	计算 arctan(x/y)的值	计算结果
double atof(char　*nptr);	将字符串转化为浮点数	计算结果
int atoi(char　*nptr);	将字符串转化为整型	计算结果
double cos(double x);	计算 cos x 的值，其中 x 的单位为弧度	计算结果
double cosh(double x);	计算 x 的双曲余弦 cosh x 的值	计算结果
double exp(double x);	求 e^x 的值	计算结果
double fabs(double x);	求 x 的绝对值	计算结果
double floor(double x);	求不大于 x 的最大整数	该整数的双精度实数
double fmod(double x, double y);	求整除(x/y)的余数	返回余数的双精度实数
double frexp(double val, int *eptr);	把双精度数 val 分解成数字部分（尾数）和以 2 为底的指数，即 $val=x*2^n$，n 存放在 eptr 指向的变量中	数字部分 x，且 0.5≤x<1
double log(double x);	求 lnx 的值	计算结果
double log10(double x);	求 lgx 的值	计算结果
double modf(double val, int *iptr);	把双精度数 val 分解成数字部分和小数部分，把整数部分存放在 ptr 指向的变量中	val 的小数部分
double pow(double x, double y);	求 x^y 的值	计算结果
double sin(double x);	求 sin x 的值，其中 x 的单位为弧度	计算结果
double sinh(double x);	计算 x 的双曲正弦函数 sinh x 的值	计算结果
double sqrt (double x);	计算 x 的平方根，其中 x≥0	计算结果
double tan(double x);	计算 tan x 的值，其中 x 的单位为弧度	计算结果
double tanh(double x);	计算 x 的双曲正切函数 tanh x 的值	计算结果

2. 字符函数

在使用字符函数时，应在源文件中包含头文件 ctype.h。常用的字符函数如表 C-2 所示。

表 C-2　常用的字符函数

函数原型	功　能	返回值
int isalnum(int ch);	检查 ch 是否为字母或数字	若是，则返回 1；否则返回 0
int isalpha(int ch);	检查 ch 是否为字母	若是，则返回 1；否则返回 0
int iscntrl(int ch);	检查 ch 是否为控制字符	若是，则返回 1；否则返回 0
int isdigit(int ch);	检查 ch 是否为数字	若是，则返回 1；否则返回 0
int isgraph(int ch);	检查 ch 是否为可打印字符，不包括空格和控制字符	若是，则返回 1；否则返回 0
int islower(int ch);	检查 ch 是否为小写字母（a～z）	若是，则返回 1；否则返回 0
int isprint(int ch);	检查 ch 是否为可打印字符（含空格）	若是，则返回 1；否则返回 0
int ispunct(int ch);	检查 ch 是否为标点字符，即除字母、数字和空格外的所有可打印字符	若是，则返回 1；否则返回 0
int isspace(int ch);	检查 ch 是否为空白字符（包含空格、制表符、换行符、换页符或垂直制表符）	若是，则返回 1；否则返回 0
int isupper(int ch);	检查 ch 是否为大写字母（A～Z）	若是，则返回 1；否则返回 0
int isxdigit(int ch);	检查 ch 是否为一个十六进制数字（0～9，或 A～F、a～f）	若是，则返回 1；否则返回 0
int tolower(int ch);	将 ch 字符转换为小写字母	ch 对应的小写字母
int toupper(int ch);	将 ch 字符转换为大写字母	ch 对应的大写字母

3. 字符串函数

在使用字符串函数时，应在源文件中包含头文件 string.h。常用的字符串函数如表 C-3 所示。

表 C-3　常用的字符串函数

函数原型	功　能	返回值
char *strcat(char *str1, char *str2);	把字符 str2 接到 str1 后面，取消原来 str1 最后面的字符串结束标志'\0'	返回 str1
char *strchr(char *str,int ch);	找出 str 指向的字符串中第一次出现字符 ch 的位置	返回 ch 的位置；若找不到，则应返回 NULL
int *strcmp(char *str1, char *str2);	比较字符串 str1 和 str2	若 str1<str2，则返回值为负数； 若 str1=str2，则返回 0； 若 str1>str2，则返回值为正数
char *strcpy(char *str1, char *str2);	把 str2 指向的字符串复制到 str1 中	返回 str1
unsigned intstrlen(char *str);	统计字符串 str 中字符的个数（不包括字符串结束标志'\0'）	返回字符个数

续表

函数原型	功能	返回值
char *strncat(char *str1, char *str2, unsigned count);	把字符串 str2 指向的字符串中最多前 count 个字符连到字符串 str1 的后面，并以 NULL 结尾	返回 str1
int strncmp(char *str1, char *str2, unsigned count);	比较字符串 str1 和 str2 中最多前 count 个字符	若 str1<str2，则返回值为负数； 若 str1=str2，则返回 0； 若 str1>str2，则返回值为正数
char *strncpy(char *str1,*str2, unsigned count);	把 str2 指向的字符串中最多前 count 个字符复制到串 str1 中	返回 str1

4. C 语言的输入/输出函数

在使用输入/输出函数时，应在源文件中包含头文件 stdio.h。常用的输入/输出函数如表 C-4 所示。

表 C-4　常用的输入/输出函数

函数原型	功能	返回值
void clearer(FILE *fp);	清除文件指针错误指示器	无
int fclose(FILE *fp);	关闭 fp 所指的文件，释放文件缓冲区	若关闭成功则返回 0；若不成功若返回非 0 值
int feof(FILE *fp);	检查文件是否结束	若文件结束则返回非 0 值；否则返回 0
int ferror(FILE *fp);	测试 fp 所指的文件是否有错误	若无错则返回 0；否则返回非 0 值
char *fgets(char *buf, int n, FILE *fp);	从 fp 所指的文件读取一个长度为(n−1)的字符串，并存入起始地址为 buf 的内存空间中	返回地址 buf；若遇文件结束或出错则返回 EOF
int fgetc(FILE *fp);	从 fp 所指的文件中取得一个字符	返回所得到的字符；若出错则返回 EOF
FILE *fopen(char *filename, char *mode);	以 mode 指定的方式打开名为 filename 的文件	若成功则返回一个文件指针；否则返回 NULL
int fprintf(FILE *fp, char *format,args,…);	把 args 的值以 format 指定的格式输出到 fp 所指的文件中	返回实际输出的字符数
int fputc(char ch, FILE *fp);	将字符 ch 输出到 fp 所指的文件中	若成功则返回该字符；若出错则返回 EOF
int fputs(char str, FILE *fp);	将 str 指定的字符串输出到 fp 所指的文件中	若成功则返回 0；若出错则返回 EOF
int fread(char *pt, unsigned size, unsigned n, FILE *fp);	从fp 所指定文件中读取长度为size 的n 个数据项，并存到 pt 指向的内存区中	返回所读的数据项的个数；若文件结束或出错则返回 0

续表

函数原型	功　能	返 回 值
int fscanf(FILE *fp, char *format,args,…);	从fp指向的文件中按给定的format格式将读入的数据送到args指向的内存变量中（args是指针）	返回输入的数据项的个数
int fseek(FILE *fp, long offset, int base);	将fp指向的文件的位置指针移到以base指出的位置为基准点、以offset为位移量的位置	返回当前位置；否则返回-1
long ftell(FILE *fp);	返回fp指向的文件中的读/写位置	返回文件中的读/写位置；否则返回0
int fwrite(char *ptr, unsigned size, unsigned n, FILE *fp);	把ptr指向的(n*size)字节输出到fp指向的文件中	返回写到fp文件中的数据项的个数
int getc(FILE *fp);	从fp指向的文件中读取下一个字符	返回读取的字符；若文件出错或结束则返回EOF
int getchar();	从标准输入设备中读取下一个字符	返回字符；若文件出错或结束则返回-1
char *gets(char *str);	从标准输入设备中读取字符串并存入str指向的数组中	若成功则返回str；否则返回NULL
int printf(char *format,args,…);	在format指定的字符串的控制下，将输出列表args的值输出到标准输出设备上	返回输出字符的个数；若出错则返回负数
int putc(int ch, FILE *fp);	把一个字符ch输出到fp所指的文件中	返回输出字符ch；若出错则返回EOF
int putchar(char ch);	把字符ch输出到标准输出设备上	返回换行符；若失败则返回EOF
int puts(char *str);	把str指向的字符串输出到标准输出设备上，将'\0'转换为换行符	返回换行符；若失败则返回EOF
void rewind(FILE *fp);	将fp指向的文件指针置于文件首部，并清除文件结束标志和错误标志	无
int scanf(char *format,args,…);	从标准输入设备上按format指示的格式字符串规定的格式输入数据并赋给args指示的单元。args为指针	返回成功赋值的数据项个数；若失败则返回EOF

5. 动态存储分配函数

在使用动态存储分配函数时，应在源文件中包含头文件stdlib.h。常用的动态存储分配函数如表C-5所示。

表 C-5　常用的动态存储分配函数

函数原型	功　能	返回值
void *calloc(unsigned n, unsigned size);	分配 n 个数据项的内存连续空间，每个数据项的大小为 size	返回分配内存单元的起始地址；如果不成功，则返回 0
void free(void *p);	释放 p 所指内存区	无
void *malloc(unsigned size);	分配大小为 size（单位为字节）的内存区	返回分配的内存区地址；如果内存不够，则返回 0
void *realloc(void *p, unsigned size);	将 p 所指的已分配的内存区的大小改为 size。size 可以比原来分配的空间大或小	返回指向该内存区的指针；若重新分配失败，则返回 NULL

6．其他函数

在使用表 C-6 中列出的函数时，应在源文件中包含头文件 stdlib.h。

表 C-6　其他函数

函数原型	功　能	返回值
void exit(int status);	终止程序运行，将 status 的值返回调用的过程	无
char *itoa(int n, char *str, int radix);	将整数 n 的值按照 radix 进制转换为等价的字符串，并将结果存入 str 指向的字符串中	返回一个指向 str 的指针
char *ltoa(long n, char *str, int radix);	将长整数 n 的值按照 radix 进制转换为等价的字符串，并将结果存入 str 指向的字符串中	返回一个指向 str 的指针
int rand();	产生 0 到 RAND_MAX 之间的伪随机数。RAND_MAX 在头文件中定义	返回一个伪随机（整）数
int random(int num);	产生 0 到 num 之间的随机数	返回一个随机（整）数
void randomize();	初始化随机函数，在使用时需要包括头文件 time.h	无

附录 D　习题参考答案

第 1 章

1-1　参考程序：

```
/*C 语言*/
#include <stdio.h>
void main()
{
   printf("Welcome to programming world!\n");
}

/*C++语言*/
#include <iostream.h>
void main()
{
   cout<<"Welcome to programming world!";cout<<endl;
}
```

1-2　参考程序：

```
#include <stdio.h>
void main()
{
   int a,b,c;
   printf("input a,b:");
   scanf("%d,%d",&a,&b);
   c=a*b;
   printf("a*b=%d",c);
}
```

第 2 章

2-1　（3）、（5）、（6）、（7）

2-2　1

2-3　3.500000

2-4　26

2-5　11

2-6　（1）0

（2）0（注意：此题涉及运算的执行顺序，当计算 c>b 时，b 已经执行了 b++的操作，值已经变成了 3，因此表达式 c>b 也为假）

2-7　109（注意：10 和 9 之间没有空格）

2-8　2

　　32

2-9　33

2-10　15

　　73

2-11　a=1,b= ,c=2 （b 赋值为空格）

第 3 章

3-1　ifmmp

3-2　i=6

　　j=4

　　k=10

3-3　i=10,j=6

3-4　（1） 1 次；（2） 0 次；（3） 2 次；（4）无限次（死循环）

3-5　参考程序：

```
#include <stdio.h>
void main()
{
    int year;
    printf("请输入年份：");
    scanf("%d",&year);
    if(((year%4==0)&&(year%100!=0))||(year%400==0))
        printf("%d 年是闰年",year);
    else
    printf("%d 年不是闰年",year);
}
```

3-6　参考程序：

```
#include<stdio.h>
#include<math.h>
void main()
{
    float x,y;
    printf("请输入 x：");
    scanf("%f",&x);
    if(x<1)
     y=2*x+1;
    else if(x>=10)
         y=sqrt(x);
```

```
    else
        y=1;
    printf("y=%f",y);
}
```

3-7　参考程序：

```
#include<stdio.h>
void main()
{
    char ch;
    int n1,n2,n3,n4;
    n1=n2=n3=n4=0;
    printf("请输入一行字符：\n");
    while((ch=getchar())!='\n')
    {
        if((ch>='a'&&ch<='z')||(ch>='A'&&ch<='Z'))
            n1++;
        else if(ch==' ')
            n2++;
        else if(ch>='0'&&ch<='9')
            n3++;
        else
            n4++;
    }
printf("英文字母有%d个,空格有%d个,数字有%d个,其他字符有%d个",n1,n2,n3,n4);
}
```

3-8　参考程序：

```
#include<stdio.h>
void main()
{
    int n1,n2,n3,i,num=0;
    for(i=100;i<=999;i++)
    {
        n1=i%10; //个位
        n2=i/10%10; //十位
        n3=i/100; //百位
        if(n1*n1*n1+n2*n2*n2+n3*n3*n3==i)
        {
            num++;
            printf("%d ",i);
            if(num%7==0)
                printf("\n");
        }
    }
 }
```

3-9　参考程序：

```
#include<stdio.h>
```

```
void main()
{
    int i,j;
    for(i=1;i<=5;i++)
    {
        for(j=1;j<=5-i;j++)
            printf(" ");
        for(j=1;j<=i;j++)
            printf("* ");
        printf("\n");
    }
  }
```

第 4 章

4-1　B　　4-2　A　　4-3　A　　4-4　B

4-5　9

4-6　a=2,b=3,c=5

4-7　x=21,y=4

4-8　7　8　9（注意：每个数字之前有 3 个空格）

4-9　6

4-10　参考程序：

```
#include<stdio.h>
#include<math.h>
#include<stdlib.h>
void fun(int n)
{int i,k;
if(n<=0)
{printf("输入的数字错误");exit(0);}
  k=sqrt(n);
  for(i=2;i<=k;i++)
      if(n%i==0) break;
  if(i>k)
     printf("%d 是素数",n);
  else
     printf("%d 不是素数",n);
}
void main()
{
  int n;
  printf("请输入需要判断的整数(>0):");
  scanf("%d",&n);
  fun(n);
}
```

4-11　参考程序：

```
#include <stdio.h>
long fun(int n)
{   long f;
    if(n<0) printf("input error!");
    else if(n==0||n==1) f=1;
    else f=n*fun(n-1);        //递归调用
    return  f;
}

void main()
{   int i,n;
    float s=0.0;
    printf("input n:");
    scanf("%d",&n);
    for(i=1;i<=n;i++)
        s+=1.0/fun(i);
    printf("s=%f",s);
}
```

4-12　参考程序：

```
#include<stdio.h>
//求a和b的最大公约数
int yue(int a,int b)
{
    int i, k=1;
    int t=a>b?b:a;//t取a和b中的较小数
    for(i=1;i<=t;i++)
    {
        if((a%i==0)&&(b%i==0))
            k=i;
        else continue;
    }
    return k;//返回最大公约数
}

//求a和b的最小公倍数，参数c传递的是a和b的最大公约数
int bei(int a,int b,int c)
{
    return (a*b)/c;
}

void main()
{
    int a,b;
    printf("请输入2个要求值的数\n");
    scanf("%d%d",&a,&b);
```

```
    printf("两个数的最大公约数是%d\n",yue(a,b));
    printf("两个数的最小公倍数是%d\n",bei(a,b,yue(a,b)));
}
```

第 5 章

5-1　C　　　5-2　D

5-3　a=0

5-4　i=17

5-5　45

5-6　i1=8,i2=1

5-7　22

第 6 章

6-1　无结果。原因是语句“a=b;”错误。赋值运算符“=”的左边要求是变量，而 a 是数组名，数组一旦定义，数组名就代表数组在内存中的首地址，是常量。

6-2　2

6-3　A123

6-4　参考程序：

```
#include<stdio.h>
void main()
{ int a[5][5],i,j,sum=0;
  printf("input number:\n");
  for(i=0;i<5;i++)
    for(j=0;j<5;j++)
      scanf("%d",&a[i][j]);  //用户输入矩阵中的数值
  printf("The matrix is:\n");
  for(i=0;i<5;i++)
    {for(j=0;j<5;j++)
        printf("%-4d",a[i][j]);
    printf("\n");
    }
  for(i=0;i<5;i++)
    sum+=a[i][i];
  printf("sum=%d",sum);
}
```

6-5　参考程序：

```
#include<stdio.h>
#include<string.h>
#define M 20
void main()
{
```

```
    char str1[M],str2[M];
    printf("请输入第一个串：");
    gets(str1);
    printf("请输入第二个串：");
    gets(str2);
    printf("第一个串：%s\n",str1);
    printf("第二个串：%s\n",str2);
    if(strcmp(str1,str2)==0)
        printf("两个字符串相等");
    else if(strcmp(str1,str2)>0)
        printf("字符串 1>字符串 2");
    else
        printf("字符串 1<字符串 2");
}
```

6-6 参考程序：

```
#define M 20
#include<stdio.h>
#include<string.h>
void main()
{
    int i,j,min;
    char a[10][M];              //存放 10 个字符串
    char b[M];                  //在字符串交换时作为交换媒介
    printf("请输入 10 个字符串：\n");
    for(i=0;i<10;i++)
        gets(a[i]);

for(i=0;i<9;i++)
{   min=i;                      //假设当前位置数是最小的，先记录下来并赋给 min
    for(j=i+1;j<10;j++)
    {   if(strcmp(a[j],a[min])<0)
        min=j;                  //记录下比 a[i]小且是最小的数的下标
    }
   if(min!=i)              //下标不同意味着 a[min]和 a[i]不是同一个数，需要交换
   {   strcpy(b,a[i]);
       strcpy(a[i],a[min]);
       strcpy(a[min],b);
   }
}
printf("从小到大排序后 10 个字符串是：\n");
for(i=0;i<10;i++)
   puts(a[i]);             //输出排序后的结果
}
```

6-7 参考程序：

```
#include<stdio.h>
void main()
```

```
{
  int i,j,t,a[11],max,num;
  printf("请输入 10 个数:");
  for(i=0;i<10;i++)
    scanf("%d",&a[i]);
  for(i=0;i<9;i++)
  { max=i;                    //假设当前位置数是最大的，先记录下来并赋给 max
     for(j=i+1;j<10;j++)
     { if(a[j]>a[max])
          max=j;              //记录下比 a[i]大且是最大的数的下标
     }
   if(max!=i)                 //下标不同意味着 a[max]和 a[i]不是同一个数，需要交换
   { t=a[i];
     a[i]=a[max];
     a[max]=t;
   }
}
printf("\n 从大到小排序后: ");
for(i=0;i<10;i++)
printf("%d ",a[i]);          //输出排序后的结果
printf("\n\n 请输入需要插入的数: ");
scanf("%d",&num);
for(i=0;i<10;i++)
{
    if(num>a[i])
    { for(j=10;j>i;j--)
        a[j]=a[j-1];
      a[i]=num;
      break;
    }
  }
  printf("\n 插入数之后的结果是: ");
  for(i=0;i<=10;i++)
  printf("%-4d",a[i]);
}
```

6-8 参考程序：

```
#include<stdio.h>
#define M  10
void main()
{
    int a[M][M],i,j,row;
    printf("请输入行数<%d:",M);
    scanf("%d",&row);
    for(i=0;i<row;i++)
        for(j=0;j<=i;j++)
        {
            if(j==0||j==i)
                a[i][j]=1;
```

```
            else
                a[i][j]=a[i-1][j-1]+a[i-1][j];
        }
    printf("\n 杨辉三角的前%d 行是: \n",row);
    for(i=0;i<row;i++)
    {for(j=0;j<=i;j++)
        printf("%-6d",a[i][j]);
     printf("\n");
    }
}
```

6-9 参考程序如下。

（1）使用数组：

```
#include<stdio.h>
#define M  80
void main()
{
    char a[M];
    int i,n1,n2,n3,n4,n5;
    n1=n2=n3=n4=n5=0; //计数器清零
    printf("请输入一串字符，以#结束:\n");
    for(i=0;i<M;i++)
    {
        scanf("%c",&a[i]);
        if(a[i]=='#')
            break;
        else if(a[i]>='A'&&a[i]<='Z')
            n1++;
        else if(a[i]>='a'&&a[i]<='z')
            n2++;
        else if(a[i]==' ')
            n3++;
        else if(a[i]>='0'&&a[i]<='9')
            n4++;
        else
            n5++;
    }
    printf("\n 大写字母有%d 个\n 小写字母有%d 个\n 空格有%d 个\n 数字有%d 个\n 其
他字符有%d 个",n1,n2,n3,n4,n5);
}
```

（2）不使用数组：

```
#include<stdio.h>
void main()
{
    char a;
    int n1,n2,n3,n4,n5;
    n1=n2=n3=n4=n5=0; //计数器清零
```

```
        printf("请输入一串字符，以#结束:\n");
        while((a=getchar())!='#')
        {
            if(a=='#')
                break;
            else if(a>='A'&&a<='Z')
                n1++;
            else if(a>='a'&&a<='z')
                n2++;
            else if(a==' ')
                n3++;
            else if(a>='0'&&a<='9')
                n4++;
            else
                n5++;
        }
        printf("\n大写字母有%d个\n小写字母有%d个\n空格有%d个\n数字有%d个\n其他字符有%d个",n1,n2,n3,n4,n5);
    }
```

第7章

7-1 D　　7-2 D　　7-3 C　　7-4 D　　7-5 B

7-6 a[2][2]=11

a[2][2]=9

7-7 abc+def=abcdef

7-8 abba

7-9 参考程序：

```
#include<stdio.h>
void main()
{char *month[12]={"January","February","March","April","May",
"June","July","August","September","October","November",
"December"};
int m;
printf("input the month:");
scanf("%d",&m);
if(m<=12&&m>=1)
printf("第%d月的英文名称是：%s\n",m,*(month+m-1));
else
printf("输入的月份无效！\n");
}
```

7-10 参考程序：

```
#include<stdio.h>
#define M  80
```

```
void main()
{
    char a[M],*p;
    printf("请输入字符，以'#'结束:\n"); //提示语
    for(p=a;p<a+M;p++)
    {
        scanf("%c",p);
        if(*p=='#')
            break;
        else
        {
            if((*p>='a')&&(*p<='z'))
            *p-=32;
        }
    }
    printf("\n 变换后逆序输出的结果是：\n");
    for(p--;p>=a;p--)
       printf("%c",*p);
}
```

第8章

8-1 D　8-2 A　8-3 C　8-4 D　8-5 D

8-6 2

8-7 s=7

8-8 （1）struct node *

（2）ch

（3）NULL

8-9 参考程序：

```
#include<stdio.h>
#define M 50
struct DATE{
    int year,month,day;
};
struct worker{
    char name[10];      //姓名
    int age;            //年龄
    char sex[2];        //性别
    struct DATE date;   //进厂日期
};

void print(struct worker people)
{
    printf("姓名：%s\t 年龄：%d\t 性别：%s\t 进厂日期：%d-%d-%d\n",
```

```
        people.name,people.age,people.sex,people.date.year,
        people.date.month,people.date.day);
    }

void main()
{   struct worker work[M];
    int i,num;
    printf("请输入工人的人数<%d: ",M);
    scanf("%d",&num);
    for(i=0;i<num;i++)
    {
        printf("\n第%d位工人的姓名: ",i+1);
        scanf("%s",work[i].name);
        printf("第%d位工人的年龄: ",i+1);
        scanf("%d",&work[i].age);
        printf("第%d位工人的性别: ",i+1);
        scanf("%s",work[i].sex);
        printf("第%d位工人的进厂日期: ",i+1);
        scanf("%d-%d-%d",&work[i].date.year,&work[i].date.month,
                &work[i].date.day);
    }
   printf("\n工人信息如下: \n");
   for(i=0;i<num;i++)
   {
      printf("第%d位工人: ",i+1);
     print(work[i]);
   }
}
```

8-10 参考程序：

```
#include<stdio.h>
#include<stdlib.h>
struct DATE{
    int year,month,day;
};

struct worker{
    char name[10];
    int age;
    char sex[2];
    struct DATE date;
};

struct node{
    struct worker people;
    struct node *next;
};
```

```
/*creat 函数实现链表的建立，函数返回值类型为结构体指针类型，将建立链表的表头节点
 head 返回给主调函数*/
struct node* creat()
{
  struct node *head,*p,*s;
  int flag;               //变量 flag 作为是否录入信息的标志
  if((head=(struct node*)malloc(sizeof(struct node)))==NULL)
  {
     printf("分配内存失败");
     exit(0);
  }
  head->people.name[0]='\0';
  head->people.age=0;
  head->people.sex[0]='\0';    head->people.date.year=head->people.
date.month=head->people.date.day=0;
  head->next=NULL;
  p=head;                 //指针 p 指向 head 指针
  printf("请输入 flag 的值，录入信息输入 1、不录入信息输入 0：");  //提示语
  scanf("%d",&flag);      //用户输入标志
   while(flag==1)         //循环语句判断，flag 为 1 表示用户需要申请空间
  {
   /*申请 node 类型大小的空间，将指针 s 指向这块空间*/
     if((s=(struct node*)malloc(sizeof(struct node)))==NULL)
     {printf("分配内存失败");
     exit(0);
     }
   printf("\n 请输入工人的信息：\n");
     printf("工人的姓名：");
     scanf("%s",s->people.name);
     printf("工人的年龄：");
     scanf("%d",&s->people.age);
     printf("工人的性别：");
     scanf("%s",s->people.sex);
     printf("工人的进厂日期：");
     scanf("%d-%d-%d",&s->people.date.year, &s-> people.date.month,
          &s->people.date.day);
   s->next=NULL;
   p->next=s;
   p=s;                   //p 指向当前节点，注意此语句与上一条语句不能互换顺序！！
  printf("\n 请输入 flag 的值，录入信息输入 1、不录入信息输入 0：");
   scanf("%d",&flag);     //再次由用户决定是否继续申请空间
  }
  return head;            //返回表头节点指针 head
}

void main()
{
```

```
    struct node *h,*p,*s;
  h=creat();                  //调用 creat 函数建立链表，将 creat 函数的返回值赋给 h
  printf("\n 工人的信息是: \n");
  p=h;
  while(p->next!=NULL)        //利用循环语句输出所有节点的内容
    {
      s=p->next;
   printf("\n 姓名是: %s\t 年龄是: %d\t 性别是: %s\t 进厂日期是: %d-%d-%d\n",
      s->people.name,s->people.age,s->people.sex,s->people. date.year,
      s->people.date.month,s->people.date.day);
   p=s;
   }
}
```

第9章

9-1 D　　9-2 B　　9-3 C　　9-4 C

9-5 How a（注意字符串要留有一位放'\0'）

9-6 10,15.800000

9-7 （1） "w"　（2） str[i]-32　（3） "r"

9-8 参考程序：

```
#include<stdio.h>
#include<stdlib.h>
void main()
{
    FILE *fp1,*fp2;
    char ch;
    if((fp1=fopen("D:\\file1.txt","w"))==NULL)//以只写的方式打开文件 file1
    {   printf("can not open the file:\n");
        exit(0);
    }
     if((fp2=fopen("D:\\file3.txt","w"))==NULL)//以只写的方式打开文件 file3
    {  printf("can not open the file:\n");
        exit(0);
    }
    printf("input string:\n");
    ch=getchar();            //允许键入一个字符，并赋值给变量 ch
     while(ch!='#')          //循环控制条件
     {fputc(ch,fp1);         //将 ch 写入文件 file1 中
      fputc(ch,fp2);         //将 ch 写入文件 file3 中
       ch=getchar();
      }
     fputc('#',fp1);         //为文件 file1 添加结束标志'#'
    fclose(fp1);             //关闭文件 file1
     if((fp1=fopen("D:\\file2.txt","w"))==NULL)//以只写的方式打开文件 file2
```

```
    {  printf("can not open the file:\n");
       exit(0);
    }
    getchar();                //“吃掉”输入的Enter键
     printf("input string:\n");
    ch=getchar();             //允许键入一个字符，并赋值给变量ch
    while(ch!='#')            //循环控制条件
     {fputc(ch,fp1);          //将ch写入文件file2中
     fputc(ch,fp2);           //将ch写入文件file3中
      ch=getchar();
     }
     fputc('#',fp1);          //为文件file2添加结束标志'#'
     fputc('#',fp2);          //为文件file3添加结束标志'#'
     fclose(fp1);             //关闭文件file2
     fclose(fp2);             //关闭文件file3
}
```

附录E 全国计算机等级考试二级C语言程序设计考试大纲

E.1 全国计算机等级考试二级公共基础知识考试大纲（2018年版）

基本要求

1．掌握算法的基本概念。

2．掌握基本数据结构及其操作。

3．掌握基本排序和查找算法。

4．掌握逐步求精的结构化程序设计方法。

5．掌握软件工程的基本方法，具有初步应用相关技术进行软件开发的能力。

6．掌握数据库的基本知识，了解关系数据库的设计。

考试内容

一、基本数据结构与算法

1．算法的基本概念；算法复杂度的概念和意义（时间复杂度与空间复杂度）。

2．数据结构的定义；数据的逻辑结构与存储结构；数据结构的图形表示；线性结构与非线性结构的概念。

3．线性表的定义；线性表的顺序存储结构及其插入与删除运算。

4．栈和队列的定义；栈和队列的顺序存储结构及其基本运算。

5．线性单链表、双向链表与循环链表的结构及其基本运算。

6．树的基本概念；二叉树的定义及其存储结构；二叉树的前序、中序和后序遍历。

7．顺序查找与二分法查找算法；基本排序算法（交换类排序、选择类排序、插入类排序）。

二、程序设计基础

1．程序设计方法与风格。

2．结构化程序设计。

3．面向对象的程序设计方法，对象、方法、属性及继承与多态性。

三、软件工程基础

1．软件工程基本概念，软件生命周期概念，软件工具与软件开发环境。

2．结构化分析方法，数据流图，数据字典，软件需求规格说明书。

3．结构化设计方法，总体设计与详细设计。

4．软件测试的方法，白盒测试与黑盒测试，测试用例设计，软件测试的实施，单元测试、集成测试和系统测试。

5．程序的调试，静态调试与动态调试。

四、数据库设计基础

1．数据库的基本概念：数据库，数据库管理系统，数据库系统。

2．数据模型，实体联系模型及E-R图，从E-R图导出关系数据模型。

3．关系代数运算，包括集合运算及选择、投影、连接运算，数据库规范化理论。

4．数据库设计方法和步骤：需求分析、概念设计、逻辑设计和物理设计的相关策略。

考试方式

1．公共基础知识不单独考试，与其他二级科目组合在一起，作为二级科目考核内容的一部分。

2．为上机考试，10道单项选择题，占10分。

E.2　全国计算机等级考试二级C语言程序设计考试大纲（2018年版）

基本要求

1．熟悉Visual C++集成开发环境。

2．掌握结构化程序设计的方法，具有良好的程序设计风格。

3．掌握程序设计中简单的数据结构和算法并能阅读简单的程序。

4．在Visual C++集成环境下，能够编写简单的C程序，并具有基本的纠错和调试程序的能力。

考试内容

一、C语言程序的结构

1．程序的构成，main函数和其他函数。

2．头文件、数据说明、函数的开始和结束标志及程序中的注释。

3．源程序的书写格式。

4．C语言的风格。

二、数据类型及其运算

1．C的数据类型（基本类型、构造类型、指针类型、空类型）及其定义方法。

2．C 语言运算符的种类、运算优先级和结合性。

3．不同类型数据间的转换与运算。

4．C 语言表达式类型（赋值表达式、算术表达式、关系表达式、逻辑表达式、条件表达式、逗号表达式）和求值规则。

三、基本语句

1．表达式语句、空语句、复合语句。

2．输入/输出函数的调用，正确输入数据并正确设计输出格式。

四、选择结构程序设计

1．用 if 语句实现选择结构。

2．用 switch 语句实现多分支选择结构。

3．选择结构的嵌套。

五、循环结构程序设计

1．for 循环结构。

2．while 和 do…while 循环结构。

3．continue 语句和 break 语句。

4．循环的嵌套。

六、数组的定义和引用

1．一维数组和二维数组的定义、初始化及数组元素的引用。

2．字符串与字符数组。

七、函数

1．库函数的正确调用。

2．函数的定义方法。

3．函数的类型和返回值。

4．形参与实参的传递。

5．函数的正确调用、嵌套调用、递归调用。

6．局部变量和全局变量。

7．变量的存储类别（自动、静态、寄存器、外部）、作用域和生存期。

八、编译预处理

1．宏定义和调用（不带参数的宏、带参数的宏）。

2．文件包含处理。

九、指针

1．指针与指针变量的概念，指针与地址运算符。

2．一维数组、二维数组和字符串的地址，以及指向变量、数组、字符串、函数、结构体的指针变量的定义。通过指针引用以上各类型数据。

3．用指针作为函数参数。

4．返回指针值的函数。

5．指针数组，指向指针的指针。

十、结构体（“结构”）与共同体（“联合”）

1．用 typedef 说明一个新类型。

2．结构体和共用体类型数据的定义与成员的引用。

3．通过结构体构成链表，单向链表的建立，节点数据的输出、删除与插入。

十一、位运算

1．位运算符的含义和使用。

2．简单的位运算。

十二、文件操作

只要求缓冲文件系统（高级磁盘 I/O 系统），对非标准缓冲文件系统（低级磁盘 I/O 系统）不要求。

1．文件类型指针（FILE 类型指针）。

2．文件的打开与关闭（fopen、fclose）。

3．文件的读/写（fputc、fgetc、fputs、fgets、fread、fwrite、fprintf、fscanf 函数的应用）与定位（rewind、fseek 函数的应用）。

考试方式

上机考试、考试时长 120min，满分 100 分。

1．题型及分值

单项选择题 40 分（含公共基础知识部分 10 分）、操作题 60 分（包括填空题、改错题及编程题）。

2．考试环境

操作系统：中文版 Windows 7。

开发环境：Microsoft Visual C++ 2010 学习版。

参考文献

[1] 谭浩强．C 语言程序设计[M]．4 版．北京：清华大学出版社，2020．

[2] 苏小红，王宇颖，孙志岗，等．C 语言程序设计[M]．3 版．北京：高等教育出版社，2015．

[3] 苏小红，王甜甜，赵玲玲，等．C 语言程序设计学习指导[M]．4 版．北京：高等教育出版社，2019．

[4] 刘韶涛，潘秀霞，应晖．C 语言程序设计[M]．2 版．北京：清华大学出版社，2020．

[5] 刘韶涛，潘秀霞，应晖．C 语言程序设计习题指导与上机实践[M]．2 版．北京：清华大学出版社，2020．

[6] 王敬华，林萍，张清国，等．C 语言程序设计教程[M]．2 版．北京：清华大学出版社，2009．

[7] 王敬华，林萍，张清国，等．C 语言程序设计教程[M]．2 版．习题解答与实验指导．北京：清华大学出版社，2009．

[8] 刘光蓉，汪清，陆登波，等．C 语言程序设计实践教程——基于 VS2010 环境[M]．北京：清华大学出版社，2020．